Einsichten eines Informatikers von geringem Verstande

AF166104

Reinhard Wilhelm

Einsichten eines Informatikers von geringem Verstande

Glossen aus dem Informatik Spektrum

 Springer

Reinhard Wilhelm
Informatik
Universität des Saarlandes
Saarbrücken, Deutschland

Dieses Buch enthält überarbeitete Texte aus der Zeitschrift Informatik Spektrum.

ISBN 978-3-658-28385-8   ISBN 978-3-658-28386-5   (eBook)
https://doi.org/10.1007/978-3-658-28386-5

Die Deutsche Nationalbibliothek verzeichnet diese Publikation in der Deutschen Nationalbibliografie; detaillierte bibliografische Daten sind im Internet über http://dnb.d-nb.de abrufbar.

Planung/Lektorat: Sybille Thelen
Springer ist ein Imprint der eingetragenen Gesellschaft Springer Fachmedien Wiesbaden GmbH und ist ein Teil von Springer Nature.
Die Anschrift der Gesellschaft ist: Abraham-Lincoln-Str. 46, 65189 Wiesbaden, Germany

Vorwort

Dieses Büchlein enthält Glossen, die zwischen 2012 und 2020 im Informatik Spektrum erschienen sind oder erscheinen werden. Sie sind leicht überarbeitet, weil beim Wiederlesen sich doch an einigen Stellen Lücken, Verbesserungsmöglichkeiten oder Ergänzungsnotwendigkeiten zeigten.

Meine Satirenschreiberei begann ich zusammen mit meinem viel zu früh verstorbenen Kollegen und Freund Harald Ganzinger in den 1970er Jahren an der TU München. Die erste Anregung bekamen wir, als wir auf 16 Seiten feinster Prosa detailliert in den Vollzug der Kantinenrichtlinien des bayerischen Innenministers eingeführt wurden. Darin wurde festgelegt, was, wann und wo wir Bedienstete des bayerischen Freistaates essensmarkenbezuschusst essen konnten. „Im Lichte neuerer Essgewohnheiten sind auch ein gemischter Salat und ein belegtes Brot essensmarkenzuschussberechtigt. Aber auch im Lichte neuerer Essgewohnheiten sind Kaffee und Kuchen nicht essensmarkenzuschussberechtigt." hieß es dort etwa. Der Text reizte Harald und mich, nach Lücken im eigentlich als perfekt konzipierten System zu suchen, die wir auch prompt fanden. Wir verfassten einen Verbesserungsvorschlag, der diese Lücken schließen würde. Unter Anderem schlugen wir das Abwiegen der essensmarkenzuschussberechtigt Essenden vor und nach der Mahlzeit vor, um die Korrespondenz zwischen abgerechnetem und konsumierten Essen auf Plausibilität zu prüfen. Als wir unsere Kollegen um unterstützende Unterschrift unter unsere Vorschläge baten, lehnten etliche ab, mit der Begründung, die Verwaltung würde unsere Vorschläge garantiert realisieren, und daran möchten sie nicht schuld sein. Unsere Vorschläge wurden glücklicherweise nicht realisiert. Darauf habe ich auch bei vielen „konstruktiven" Vorschlägen in meinen hier veröffentlichten Glossen innig gehofft.

Meine Schreiberei setzte sich fort, als ich an die solcher juristischer Höhenflüge unverdächtige Universität des Saarlandes berufen wurde. Aber auch dort gab es lobenswerte Erscheinungen, die ich im *Campus*-Magazin rühmen durfte.

Als ich daraus verbannt wurde, kamen erste Ideen zu Informatik-Glossen auf. Da sie bei Hermann Engesser, der das Informatik Spektrum redaktionell betreute, auf Begeisterung stießen, nahm die Kolumne *Einsichten eines Informatikers von geringem Verstande* Gestalt an.

Hermann Engesser, Sybille Thelen und Vanessa Keinert haben über die Jahre die Glossen redaktionell betreut und immer wieder gute Tipps zur Überarbeitung gegeben. Ihnen sei herzlich gedankt.

Inhaltsverzeichnis

Brad Bit und Juliette Binom

Das Bild des Informatikers im Film ist total verzerrt. Er kommt eigentlich nur in zwei Rollen vor. Erstens als Hacker. Dann trägt er alte Turnschuhe, schmachtet heftig, aber ohne Aussicht auf Erfolg, seine attraktive Wohnungsnachbarin (Oberweite 95) an und dringt aus Spieltrieb, zur Befriedigung seiner Allmachtsphantasien oder wegen akuten Geldbedarfs unter Ausnutzung ihm bekannter Sicherheitslücken in militärische oder kommerzielle Computersysteme ein. Zweitens als Retter der Menschheit vor dem Hacker. Dann bezwingt er beschwingt vom Engagement für das Gute den Hacker aus Punkt Eins. Meist ist er dann aber ein ehemaliger Hacker, der im Vorgängerfilm durch die Liebe zu einem aufrechten Mädchen (Oberweite 96) zum Besseren bekehrt wurde.

Diese Filme werfen ein gänzlich falsches Licht auf diese Berufsgruppe! Informatiker sind Menschen wie du und

Originalversion erschienen in Informatik Spektrum 34 (3) 2011

ich. Sie tragen gern Turnschuhe, sind ständig klamm, wissen, dass ohne sie nichts geht, und sie schmachten große Oberweiten an.

Das Filmskript

Deshalb soll hier einmal der Versuch gemacht werden, ein Filmskript für einen realistischen Informatikerfilm zu skizzieren, und das gleich in mehreren Varianten.

Unser Protagonist, nennen wir ihn D., entstammt einem familiären Hintergrund mit einer äußerst dürftigen Ausstattung an technischer Intelligenz. Schon die ersten Szenen demonstrieren dies, indem sie das Scheitern des Vaters, eines erfolgreichen Anwalts, bei der Montage der Wiege *Gungstol* zeigen. Die Mutter, eine angesehene Psychotherapeutin, trägt das ihre zur technoemotionalen Vernachlässigung des Knaben bei.

Eine weitere Szene zeigt das Kleinkind, kaum in der Lage, seine Bewegungen bewusst zu steuern, schreiend und mit drei ausgesteckten Fingern querwischend und einem Finger abwärts zeigend. Eilig herbeigerufene Kinderpsychologen stellen eine frühkindliche Sexualstörung fest, Voyeurismus – „Mach Dich frei!" und Masturbationsphantasie – „Hol mir einen runter!" – und empfehlen eine mehrjährige Therapie. Ein zufällig vorbeikommendes Kind versteht die Bewegungen, zieht einen seiner dreigestreiften Sneakers aus und zeigt ihn fragend dem Knaben. Dieser hört sofort auf zu schreien und nickt fröhlich zustimmend. Das hätte den Eltern zu denken geben sollen!

Trotz seiner schlechten Prädisposition in Richtung Technik entschließt sich D. nach dem Abitur zum Entsetzen seiner Eltern und seiner Freunde Informatik zu studieren. Nicht nur das, er schreibt sich sogar für einen Turbostudiengang ein, um in Rekordzeit zum Diplom zu kommen. Im ersten Fachsemester erledigt er mit

Bravour die Informatik I, III und IV, die erforderlichen Mathematik-Vorlesungen und fast das ganze Nebenfach. Nebenbei baut er eine gut funktionierende Liebesbeziehung auf (Oberweite 97). Die Besitzerin dieser Oberweite lernt er bei seinem geldnotbedingten Job als Systemadministrator in der Fachrichtung Übersetzen und Dolmetschen kennen. Nach diesem furiosen Einstieg in das Studium wird er übermütig. In seinen Phantasien sieht er sich schon in unglaublichen drei Semestern sein Studium beenden. Das zweite Semester bringt den für seine seelische Reifung notwendigen Rückschlag. Er hält die Belastungen des Softwarepraktikums nicht aus, scheitert in der Informatik II und verschläft wegen Überengagements im Umfeld seiner Systemadministration in der Fachrichtung Interkulturelle Kommunikation (Oberweite 98) seinen Proseminar-Vortrag. Daraufhin gerät er in massive Selbstzweifel. In den Semesterferien findet er eine gut bezahlte Tätigkeit, um aus seiner finanziellen Dauermisere zu kommen. Er betreut er einen Computerkurs für schwer erziehbare Mädchen (durchschnittliche Oberweite 99). Die Dankbarkeit, die ihm entgegenschlägt, bringt ihm das verloren gegangene Selbstvertrauen zurück. Im dritten Semester schafft er dann alle notwendigen Praktika, Stammvorlesungen und Seminare, alle natürlich mit besten Ergebnissen, und beginnt mit seiner Diplomarbeit.

Die Uhren-Variante

Auch im Nebenfach brilliert er, was ihm vonseiten der dortigen Betreuer gewaltigen Neid einbringt. Die Nebenfächler beschließen, seine Rekordjagd zum Scheitern zu bringen. Sie lassen ihn über die Anmeldefrist zur Nebenfachprüfung im Unklaren, die er daraufhin verpasst. Da man sich gemäß ihrer Regeln nur einmal im Jahr anmelden kann und die Nebenfächler gerade in seinem

Fall keine Ausnahme machen, steht er vor dem Scheitern seiner Bemühungen.

Jetzt steigt die Dramatik ins Ungeheure. D. scheint schon alle Hoffnung auf ein Einser-Diplom in Rekordzeit aufgegeben zu haben. Sein Vater erzeugt juristische Schriftsätze am laufenden Bande, während seine Mutter eine ihrer stärksten Kriseninterventionen vorbereitet. Daraufhin greifen der Drehbuchautor und unser Protagonist D. zum Äußersten. D. greift in die zentrale Uhrensteuerung der Universität ein und hält die Uhr des Prüfungsamts an. Das wäre ja noch einfach, aber damit zugleich hält er auch das Leben im Prüfungsamt für entscheidende Tage an (dramatische Animation mit Rendering in Echtzeit). In diesen Tagen zieht er gnadenlos ein anderes Nebenfach durch, findet einen unbürokratischen Prüfer, der ihm eine Wissensprüfung abnimmt, die er glänzend besteht. Nach 3,8 Semestern hält er sein Diplom in der Hand. Über dem Happy End vergessen alle, die Uhr im Prüfungsamt wieder in Betrieb zu nehmen. Der Abspann läuft über eine Universität in Erstarrung.

Die Nadeldrucker-Variante

Beim Übergang vom Diplom- zum Bachelor- und Master-Studiengang macht die Universität einen massiven Formfehler, die einen fast instantanen Abschluss verlangt. Auch hier steigt die Dramatik ins Ungeheure. D. scheint schon alle Hoffnung auf ein Einser-Diplom in Rekordzeit aufgegeben zu haben. Da entdeckt sein Vater, dass die Übergangszeit für die alte Prüfungsordnung doch noch zwei Stunden läuft. Jetzt sind nur noch die üblichen technischen Hürden zu überwinden. Beim Schreiben des Antrags zum Ablegen des Diploms nach alter Prüfungsordnung verursacht MS Word einen schweren Speicherzugriffsfehler. Eine Neuinstallation von MS Windows wird nötig. Beim Versuch, den Antrag zu drucken, meldet der Drucker, dass die Tonerkartusche leer ist. Natürlich ist kein Ersatz verfügbar. Ein Rückgriff auf einen alten 9-Nadeldrucker, der schon auf dem Speicher verstaubte, erlaubt schließlich die Erstellung eines juristisch einwandfreien, wenn auch typografisch unbefriedigenden Ausdrucks. Gerade, als die gut aussehende Sekretärin des Prüfungsamts (Oberweite 100) den Schlüssel ergreift, um die Tür abzuschließen, erreichen D. und seine Eltern die rettende Schwelle.

Die Politiker-Variante

Starker Liebeskummer (Oberweite 101) stört seine Konzentration beim Abfassen seiner Diplomarbeit. Man sieht ihn abwechselnd vor leerem Papier und seinem Laptop mit einem Ballerspiel. Seine Arbeit ist angemeldet, und die Uhr läuft unbarmherzig. Er sieht kein Vorankommen mehr. Seine Verzweiflung steigt. Zur Unzeit liest er einen Artikel über die hervorragenden Chancen von Studienabbrechern. Gerade für Politikerkarrieren scheint der Studienabbruch mehr oder weniger verpflichtend zu sein. Er tritt den Jungsozialisten/der Jungen Union/den Jungliberalen/der Grünen Jugend bei. Beim Casting für die Stelle des Referenten eines Bundestagsabgeordneten aus dem Ausschuss für Bildung und Forschung zeigt er einen souveränen Auftritt – er kann „Digitalisierung" buchstabieren und weiß tatsächlich, was ein Kilobyte ist! –, welche ihm diese Stelle sichert. Um endlich aus der Schuldenfalle herauszukommen, administriert er zusätzlich den Rechner seines Abgeordneten, (Bildschirmweite 102 cm). Innerhalb kurzer Zeit hat er sich unentbehrlich gemacht. Eine große politische Karriere winkt.

Usability considered harmful

Können Sie sich noch erinnern, wie wir der Welt das papierlose Büro angekündigt haben? Die Erlösung von Aktenordnern voll der wunderbarsten bürokratischen Vorgänge, nämlich untertänigster Anträge, flehentlicher Eingaben, barscher Ablehnungen, unerledigter Aufträge, lückenhafter Notizen, fehlerhafter Abrechnungen, drohender Mahnungen und empörter Beschwerden. Nichts davon mehr auf Papier, sondern alles sauber archiviert in einem einzigen Verzeichnis *Büro* unseres Dateisystems. Es ist schon einige Zeit her, dass wir Informatiker der Welt dieses papierlose Büro versprochen haben. Das war so etwa zu der Zeit, als wir ihr den Rechner versprochen hatten, der ohne Hilfe des heiligen Geistes in allen Zungen redet, und medizinische Expertensysteme, die rieten, sich zu räuspern, wenn es im Hals kratzt. Hätten wir, wie von uns angekündigt, lebenslang alle menschlichen Äußerun-

---

Originalversion erschienen in Informatik Spektrum 34 (2) 2011

© Springer Fachmedien Wiesbaden GmbH, ein Teil von Springer Nature 2020
R. Wilhelm, *Einsichten eines Informatikers von geringem Verstande*,
https://doi.org/10.1007/978-3-658-28386-5_2

7

gen aufgezeichnet, könnten wir die erste Ankündigung des papierlosen Büros sogar genau auf die Minute terminieren. Egal, massiv und wiederholt angekündigt wurde das papierlose Büro auf jeden Fall, und zwar von den Kollegen aus benachbarten Fachbereichen, welche sich schnöden Anwendungen in Büro und Verwaltung widmen. Und, was ist aus dem papierlosen Büro geworden? Genau, Sie haben es erfasst! Nichts! Ganze Wälder rauschen heutzutage durch Drucker in Büro und trautem Heim. Da das Verschwinden von Wäldern ökologisch klar bedenklich ist, muss ein Schuldiger her. Und, da wir Informatiker ja offensichtlich beschlossen haben, uns in Sack und Asche zu kleiden, werden wir bei uns selbst fündig. „Usability" ist das Schlagwort, mit dem sich Informatiker in Forschung und Industrie beschäftigen. Worum geht's? Es geht darum, komplexe technische Systeme auch für technische Laien benutzbar zu machen. Ein eventuell enormer Aufwand wird hinter einem Mausklick oder einem Knopfdruck versteckt.

Als dieser Autor vor vielen, vielen Jahren das Drängen seiner Schwiegermutter nicht mehr ertrug und in Kooperationen mit zwei Kollegen sein erstes Lehrbuch schrieb – es ging um Programmiersprachen – da war eines der Prinzipien, keine Konstrukte in der verwendeten Programmiersprache zu haben, welche die Komplexität ihrer Realisierung verstecken. In diesem Sinne war unsere Programmiersprache vollkommen unusable. Wir waren stolz auf dieses strikt durchgehaltene Prinzip beim Schreiben des Buchs. Vielleicht war es allerdings die Ursache dafür, dass unser Lehrbuch nicht allzu vielen Bäumen das Leben gekostet hat.

Das geschilderte Phänomen ist durchaus nicht auf den IT-Sektor in Heim und Flur beschränkt. Wer einmal gesehen hat, wie sein Haushaltungsvorstand beim Passieren des weithin ungefüllten Geschirrspülers diesen reflexartig mit nur einem Knopfdruck in Betrieb genommen hat, weiß die ökologischen Vorteile eines mehrere Kilometer langen Weges zur nächsten Wasserstelle zu schätzen. Er beschert den betroffenen Haushaltungsvorständen nicht nur einen außerordentlich eleganten, aufrechten Gang, sondern erspart dem Planeten viel Wasser und eine Menge Strom.

Weitere Beispiele für die ökologisch verheerenden Auswirkungen von usability liegen auf der Hand. Denken Sie nur an die immer leichter bedienbaren Autos, die es zum Kinderspiel machen, mal kurz um die nächste Ecke zu fahren, um ein Nikotinpflaster zu besorgen. Wie viele solcher Fahrten blieben dem Planeten erspart, wenn man dazu erst einmal sein Pferd vor den Wagen spannen müsste? Oder denken Sie an Suchanfragen an Google, eingetippt und mit Return abgeschickt; scheint nichts zu kosten. Na, denkste! Die verbrauchte Energie würde ausreichen, den starken Kaffee zu kochen, den Sie gebraucht hätten, um zu merken, dass die Reihenfolge der Ergebnisse sich nicht nach Page-Rank, sondern nach geleisteten Zahlungen interessierter Unternehmen richtete.

Die Informatiker haben eine Tradition, als unangenehm erkannte Konzepte als „harmful" zu bezeichnen. Dieser Artikel belegt definitiv: „Usability considered harmful."

Von ewigen Kräften und sicheren Zuständen

Die Zertifizierung von sicherheitskritischen Systemen, von denen Menschen inzwischen überall abhängen, dient der Bewahrung eines ruhigen Gemütszustandes; vertrauenswürdige Institutionen, besetzt mit sorgfältig arbeitenden Fachleuten, durchleuchten mithilfe sinnvoller Regeln die letzten Systemwinkel auf mögliche Schwachstellen und vergeben das Siegel „zertifiziert" erst, nachdem ohne jeden Zweifel die Fehlerfreiheit festgestellt wurde.

Die Verhältnisse im Flugzeugbau kommen diesen Vorstellungen am nächsten. Es herrschen recht strenge Zertifizierungsregeln. Für die höchst kritischen fliegenden Systeme muss nachgewiesen werden, dass gewisse böse Ereignisse nie eintreten. Der Informatiker kennt diese schönen Eigenschaften als Sicherheitseigenschaften und Gott-sei-Dank kennt er auch einige Methoden, welche bei ihrem Nachweis nützlich sind.

Originalversion erschienen in Informatik Spektrum 34 (4) 2011

R. Wilhelm, *Einsichten eines Informatikers von geringem Verstande*, https://doi.org/10.1007/978-3-658-28386-5_3

11

Im restlichen Verkehrswesen sind die Verhältnisse viel interessanter. Die Eisenbahner z. B. arbeiten traditionell mit *ewigen Kräften*. Ewige physikalische Kräfte sind dadurch definiert, dass sich ihre Existenz, ihre Wirkungen und ihre Eigenschaften auch bei einem Regierungswechsel zu Grün-Rot nicht ändern. Um in einem traditionellen Stellwerk ein Signal auf „Fahrt" zu stellen, musste ein Eisenbahner unter Einsatz großer Körperkraft ein Stahlseil spannen, damit das Signal hochziehen und dabei ein Gegengewicht anheben. Dies hatte zwei Vorteile. Erstens musste der Eisenbahner nach Dienstschluss nicht in eine Muckibude gehen. Zweitens sorgte die ewige Schwerkraft dafür, dass, sollte das Stahlseil einmal reißen, das Gegengewicht herunterfiel und das Signal auf „Stopp" stellte. Oder die Bremse in einem Zug. Alle Wagen waren über einen mit Überdruck gefüllten Schlauch verbunden. Mithilfe des Überdrucks wurden die Bremsbacken von den Rädern gezogen. Sie ahnen es schon, bei Abreißen oder Verletzung des Schlauchs entwich die komprimierte Luft, dem ewigen Gesetz des Druckausgleichs folgend, die Bremsbacken drückten auf die Räder, der Zug kam zum Stehen. Soweit so gut! In unserer modernen Zeit zogen Elektronik und Software in das Eisenbahnwesen ein. Es war nicht klar, wo dabei die ewigen Kräfte blieben. Was sind z. B. bei einer Software die Stahlseile? Sie dienen doch nur zur Charakterisierung der erforderlichen Nervenstärke des Benutzers. Und die Luft ist doch nur dann raus, wenn der Nutzer die Bill-Gates-Warteschleife beim Hochfahren seines Laptops durchmessen hat.

Die Autobauer produzieren zwar local-area networks auf 4 Rädern, empfinden sich aber eigentlich als Maschinenbauer. Deshalb leiten sie ihre Zertifizierungsregeln von denen des Maschinenbaus ab. Eine Maschine, welche fest montiert in einer großen Halle steht, verhält sich dann sicher, wenn sie, wann immer Gefahr für

Mensch oder Material droht, ihre Aktivität einstellt, sozusagen in Schockstarre übergeht. Diesen Zustand nennen die Maschinenbauer einen *sicheren Zustand.* Es geht den Maschinenbauern bei der Zertifizierung darum, nachzuweisen, dass das Eintreten gefährlicher Ereignisse sicher erkannt wird und daraufhin ein sicherer Zustand eingenommen wird. Wie überträgt man dieses Konzept des sicheren Zustands von einer fest montierten Maschine auf ein Auto, dessen Daseinszweck von den meisten Leuten, mal abgesehen von wasserscheuen Landvermessern und unverheirateten Liebespaaren in der Fortbewegung gesehen wird? Das sich-Totstellen von automobilen Subsystemen wie Motorsteuerung, ABS oder Bremskraftverstärkung kann durchaus zu kritischen Situationen führen. Der sicherheitshalber abgeschaltete Bremskraftverstärker kann zu einer verspäteten Bremsung führen. Der zur Unzeit, z. B. auf einem Eisenbahngleis abgeschaltete Motor kann zu einer unliebsamen Konfrontation mit einem zertifizierten Zug führen, der gerade den in dieser Branche verehrten ewigen physikalischen Kräften gehorcht, indem er mit größerer Geschwindigkeit auf den Bahnübergang zu fährt.

Die Autobauer haben die Fiktion vom sicheren Zustand erfolgreich bei den TÜVs und den Zulassungsbehörden verteidigt. Jetzt gerät diese Fiktion wegen der Entwicklung autonomer Fahrzeuge stark unter Druck. Aber die Automobilisten sind ja lernfähig. Eine neue Definition von sicherem Zustand ist die folgende: Ein sicherer Zustand ist einer, in dem Entwickler und Automobilfirma nicht von gerichtlicher Verfolgung bedroht sind.

Auch die Kernkraftler sind ja eigentlich Maschinenbauer. Was bei Kernkraftwerken ein sicherer Zustand ist, ist relativ klar. Nur, ob man eine havarierte Anlage schon nach 33 Jahren oder erst nach 33 000 Jahren hinein bringt, ist noch strittig.

Wir haben gesehen, einerseits wird durch die Entwicklung des autonomen Fahrens die Situation der Autobauer schwieriger, andererseits verschließen sie sich nicht einer gewissen Einsicht. ISO-26262 kommt! Diese Norm nimmt die Tradition der Coding Rules auf, also der Einschränkung von Programmierkonzepten. Eine Table 1 empfiehlt unter „Use of language subsets" „the exclusion of language constructs which might result in unhandled runtime errors". Das ist mal eine klare Empfehlung! Arithmetik – kann zu Überläufen führen. Weg damit! Indizierung in Feldern – könnte außerhalb der Feldgrenzen liegen. Raus! Zeiger – es droht die Dereferenzierung von Nullzeigern. Schon weg! Schleifen und Rekursion – terminieren eventuell nicht. Fort damit! Es bleibt eine Sprache übrig, deren Programme zwar nichts mehr machen können, aber dafür leicht zu zertifizieren sind. In Abwandlung von Ludwig Wittgensteins berühmtem Zitat könnte man eine Erfolgsmeldung formulieren, „Was man nicht sagen kann, muss man auch nicht zertifizieren."

Die Freuden der rechnergestützten Lebensführung

Der moderne Mensch leidet, wie einschlägige Wissenschaftler festgestellt haben, nicht nur an den tradierten Phänomenen wie zu heißen oder zu nassen Sommern, tief reflektierten Politikern und erfolgreichen Bankern, sondern neuerdings auch an Zivilisationsplagen, wie ständigem Termindruck und fehlender Entgrenzung der Arbeitswelt von anderen Welten, die eventuell auch noch existieren könnten. Gerade diese beiden Plagen werden auf Schönste kombiniert von rechnergestützten Systemen zur Organisation des Lebens. Sie erst ermöglichen es dem Menschen, Organisationstätigkeiten, die früher seine Sekretärin umstandslos für ihn erledigte, mithilfe oft schlecht entworfener Oberflächen mit beträchtlichem Aufwand selbst zu erledigen. Diese Abhängigkeit des Menschen von rechnergestützten Systemen kann ihn direkt in die Krise führen, wie wir sehen werden.

Originalversion erschienen in Informatik Spektrum 34 (6) 2011

Meine persönliche Leidensgeschichte begann, als mir meine Familie einen handgehaltenen Organisator schenkte, der auf einem größenbedingt unübersichtlichen Schirm erstaunliche Funktionalität kombinierte. Die eingebaute Kalenderverwaltung war mir besonders wichtig, weil ich nur mit ihr den richtigen Termindruck aufbauen und aufrechterhalten konnte. Regelmäßig wurde eine Konserve auf meinem Schoßrechner angelegt, auf dass nicht durch den Verlust der Daten ein abfallender Termindruck entstünde. Allerdings verweigerte nach einiger Zeit dieser Helfer die Synchronisation, sodass ich den Kalender und auch das Adressbuch nur auf meinem Schoßrechner weiterführte. Als dieser sich jedoch durch den Ausfall eines Lüfters zu einer veritablen Handheizung entwickelte, beschloss die Kalenderverwaltung, sich etwas Luft zu verschaffen, indem sie nur periodische Termine wie Geburtstage behielt und den Rest vergaß. Dieser Prioritätensetzung kann man nur zustimmen; denn jeder weiß, wie viel Lebensqualität das Verpassen einer langweiligen Sitzung einbringt, und wie groß andererseits der irreparable Schaden an menschlichen Beziehungen ist, der durch das Übersehen eines Geburtstags entsteht.

Obwohl ich ein erstaunlich befreites Gefühl nach Verlust aller meiner Termine verspürte, bestand meine Umgebung darauf, meine Daten zu restaurieren. Ausgangspunkt waren exportierte Daten im einzigen Kalenderformat, welches zu allen anderen Formaten dieses Universums inkompatibel ist. Ein neuer Schoßrechner mit einer Platte in angeblich solidem Zustand wurde beschafft und ein Kalender im kompatibelsten aller Formate angelegt. Dieses ließ sich sogar mit einem wiederum von meiner Familie geschenkten Apfelphon synchronisieren. Alles in bester Ordnung könnte man meinen. Weit gefehlt! Professionelle Diebe erbarmten sich meiner bei der Beseitigung des Termindrucks, indem sie mir das

Apfelphon klauten, bevor ich nur eine Konserve anlegen konnte, und die Platte im neuen Schoßrechner zeigte mehrfach äußerst unsolide Zustände, jedes Mal mit kompletten Datenverlust.

Inzwischen bin ich auf einer Gruppenware angekommen. Dies hat den Vorteil, dass ich immer weiß, wen ich beschimpfen muss, wenn etwas nicht funktioniert.

Es ist in der deutschen Informatikszene bekannt, dass die Karlsruher Kollegen zu allen über den Atlantik geschwommenen Begriffen eine perfekte Eindeutschung finden. Ich hoffe, Sie verzeihen mir, wenn nicht alle meine Eindeutschungen Karlsruhe-korrekt ausgefallen sind.

Sehr zu empfehlen

Wissen Sie, was ein Recommender System ist? Mit ihm kommen Sie unter anderem in Kontakt, wenn sie in Amazonien einkaufen. Lassen Sie mich erst einmal erklären, was ein solches System niemals tun würde. Definition durch Abgrenzung heißt das. Es würde Ihnen auf keinen Fall nach dem Kauf von Goethes *Faust* den Kauf der DVD zu *Die Faust im Nacken* oder die Biographie der Doctores Klitschko nahelegen. Nein, das würden Recommender Systeme auf keinen Fall machen. Wären ja bizarre Tipps, die das Vertrauen in ihre Leistungsfähigkeit sofort untergraben würden.

Recommender Systems funktionieren ganz anders, und sie sind inzwischen sehr leistungsfähig! Wenn Sie z. B. *Mission Impossible IV* kaufen, wird ein Recommender System Ihnen mitteilen, dass Kunden, welche dieses Kunstwerk gekauft haben, auch *Mission Impossible I, Mission*

Originalversion erschienen in Informatik Spektrum 35 (2) 2012

© Springer Fachmedien Wiesbaden GmbH, ein Teil von Springer Nature 2020
R. Wilhelm, *Einsichten eines Informatikers von geringem Verstande*,
https://doi.org/10.1007/978-3-658-28386-5_5

Impossible II und *Mission Impossible III* gekauft haben, ein Ergebnis langjährigen Datensammelns und sorgfältiger, mathematisch fundierter Datenanalyse.

Eine weitere Idee kam mir bei der Beobachtung der totalen Verseppelung des Lebens in einer süddeutschen Möchtegern-Metropole anlässlich des allherbstlichen Besaufmichfestes. Was ein leistungsfähiges Recommender System dazu zu sagen hätte? Es würde Kunden, die eine Lederhose gekauft haben, empfehlen, auch ein kariertes Trachtenhemd, einen Seppelhut, Wadenwärmer und Haferlschuhe zu kaufen. Weiblichen Konsumenten wird zum Dirndl eine bestickte Bluse, eine Schürze, einen Push-up-BH und Söckchen empfohlen. Das ist doch einfach perfekt!

Merkwürdigerweise haben andere Zweige des Handels das Potenzial von Recommender Systems noch nicht erkannt. Denken wir mal an Baumärkte. Ein gewiefter Verkäufer, der mal wieder den Kundenkontakt sucht und deshalb aus seinem Versteck hervorkommt, wird doch einem Kunden, der einen Hammer kauft, auf jeden Fall mitteilen, dass die meisten Hammerkäufer auch Nägel gekauft haben. Durch den Einsatz eines entsprechenden Recommender Systems, welches sich zusätzlich niemals verstecken würde, könnte der Baumarkt seine Umsätze dramatisch steigern. Weitere Verbesserungen lauern schon in der Innovationspipeline. Sie benutzen Projektionen in die Zukunft. Im Beispiel des Hammerkäufers würde beispielsweise die Empfehlung gegeben, vor dem geplanten Einsatz des Werkzeugs die Notrufnummer und ein Telefon bereit zu legen und in einer nahe gelegenen Apotheke ein Mittel gegen Blutergüsse und eine Schachtel Pflaster zu erstehen.

Dem Käufer von Baggypants – zur Erläuterung für Informatiker, das sind diese Hosen, deren Bund sich in Kniekehlenhöhe befindet – würde empfohlen, in zwei Monaten einen Termin beim Nierenspezialisten zu reservieren.

Überzeugend war auch das folgende Beispiel: Kunden, die Spaltmaterial (Plutonium-239 oder Uran-235) gekauft haben, haben auch TNT (Trinitrotuluol) und eine Neutronenquelle gekauft.

Gänzlich baff war ich, als ich auf die folgende Kaufempfehlung stieß: Kunden, die 750 g Weißkohl gekauft haben, haben auch eine kleine Zwiebel, 100 g durchwachsenen Speck, 0,5 EL Kümmel, 0,13 L Gemüsebrühe, 3 EL Weißweinessig, 1 TL scharfen Senf, 4 EL Öl, dazu noch etwas Salz und Pfeffer gekauft. Da ist doch sogar der Übergang vom Qualitativen zum Quantitativen gelungen! Wahnsinn!

Leicht irritiert bin ich ja von Reiseempfehlungen, die ich ständig erhalte. Die Grundannahme, auf der diese Empfehlungen basieren, ist offensichtlich, dass ein Reisender, ähnlich wie ein Verbrecher, gern an den Ort seiner Tat, also seiner vorherigen Reise zurückkehrt. Als ich mal in Purmamarca in den argentinischen Anden übernachtet hatte, bekam ich noch monatelang Empfehlungen für Reisen dorthin. Jetzt kann man durchaus einmal im Leben die farbenfreudigen Berghänge um dieses staubige Dorf genießen. Aber ansonsten bietet es, außer vielleicht Symptome der Höhenkrankheit, einfach nichts Besonderes an, und zufällig vorbeikommen tut man auch nicht.

Wenn man die Folgen dieser Strategie auf all die Moslems bedenkt, die einmal im Leben nach Mekka pilgern sollen, und die anschließend noch monatelang zu einer weiteren Pilgerschaft aufgefordert werden! Allein der ganze Internet-Verkehr!

Gänzlich neu wären negative Recommender Systems. Statt positiver Empfehlungen gäben sie negative Empfehlungen ab, also was man auf keinen Fall tun sollte, weil statistisch gesehen, große Nachteile drohen. Z. B. könnte Ihnen ihre Kreditkartenfirma mitteilen, dass Menschen, die wie Sie einen Scheidungsanwalt kontaktiert haben und außerdem Gitarre spielen – vielleicht sogar in derselben Band wie der Scheidungsanwalt – statistisch erwiesenermaßen eine schlechte Zahlungsmoral haben und deshalb ihr Kreditlimit gesenkt bekommen.

Und so könnten sich Recommender Systems zu Ratgebern in allen Menschheitsfragen entwickeln.

Paradies 2.0

Wieder einmal gilt es eine große Errungenschaft der Informatik zu feiern, nämlich die Wiederherstellung des Paradieses. Darunter tun wir Informatiker es ja nicht!

Menschen meines Alters lernten zuhause oder in der Schule noch das biblische Paradies kennen. Dort flossen Milch und Honig einfach so, kostenlos, und wenn es im Hals zwickte, floss auch der Strom umsonst, mit dem man die beiden zusammen erhitzte. Die freie Liebe gehörte wahrscheinlich auch dazu. Jede Menge schöne Frauen gab es und viele Bibel-Nerds, die überzeugend zu erklären wussten, dass der freie Zugang zur Bibel wichtiger als die freie Liebe sei.

Mit den vertieften betriebswirtschaftlichen Einsichten, die wir heute haben, wäre leicht erkennbar gewesen, dass das zugrunde liegende Geschäftsmodell nicht funktionieren konnte. Der Autor der Bibel verfügte allerdings nicht

---

Originalversion erschienen in Informatik Spektrum 35 (3) 2012

R. Wilhelm, *Einsichten eines Informatikers von geringem Verstande*, https://doi.org/10.1007/978-3-658-28386-5_6

über diese Einsichten und ließ das Paradies an einem simplen, allerdings illegalen Download bei www.apfel.com scheitern. Adam und Eva wurden von einem Engel mit einem Feuerschwert aus dem Paradies vertrieben. Diese Episode zeigt allerdings, wie antiquiert die Geschichte ist. Flammenschwerter wären heutzutage längst dem Brandschutz zum Opfer gefallen. Bei den inzwischen üblichen Trockenheiten einfach zu gefährlich!

Nach der Vertreibung brach also eine lange Zeit mit unparadiesischen Zuständen herein. Die Menschen mussten im Schweiße ihres Angesichts horrende Beträge für Stromkonzerne, Pleitebanker, Öl- und Lebensmittelmultis erarbeiten.

Mit der Entwicklung des Internets ist das Paradies zurückgekehrt. Staaten finanzieren die notwendige Infrastruktur, um im globalen Wettbewerb nicht zurück zu fallen. Provider bieten ihren Kunden paradiesische Inklusivtarife an. Natürlich hätte man aus den Erfahrungen mit dem ersten Paradies lernen können. Aber erst mal sieht doch alles ganz gut aus. Es fließen zwar nicht mehr Milch und Honig, aber Musik, Filme und Bücher in großen Strömen und gefühlt kostenlos durch das Internet zu den Paradiesbewohnern. Diese sind bereit, einen Obolus für den Betreiber der Verteilungsplattform zu opfern oder sich durch Werbung auf dieser belämmern zu lassen. Ansonsten sind alle Inhalte frei.

Der Übergang zu einem immateriellen Verteilungsweg und den dadurch ermöglichten freien Zugriffen hat dem Paradiesbewohner ein natürliches Anrecht auf das Eigentum kreativer Personen gegeben, so wie die Erfindung des Brecheisens dem Einbrecher ein natürliches Anrecht auf den Eintritt in jede Wohnung und den freien Zugriff auf das Sparschwein eingeräumt hatte.

Schon die Kommunikationstheorie und erst recht die Kommunikationstechnik wissen, dass bei der Kommunikation Sender wie Empfänger Katastrophen auslösen können. Wie oben geschildert, scheiterte das biblische Paradies an einem illegalen Apfel-Download, also einer Aktion auf der Empfängerseite. Download-Aktionen machen aber in unserer Zeit das Paradies aus.

Man hätte sich auch Sender-verursachte Katastrophen im Paradies vorstellen können. Zum Beispiel hätte die Schlange durch Schütteln des Baums Adam und Eva eine volle Ladung Früchte auf die Köpfe prasseln lassen können, und das, um in der Analogie zu unserem neuen Paradies zu bleiben, ohne allen Aufwand. Einige Früchtchen hätten Vorschläge für profitable geschäftliche Kooperationen in Nigeria gemacht, andere hätten Adam angeboten, schöpferische Defizite an seinem Unterleib zu korrigieren, wiederum andere hätten Eva zur Überprüfung ihres Muschelgeldkontos und der Herausgabe ihrer Zugangsdaten aufgefordert. Da hätten Adam und Eva statt des Paradieses die Hölle am Hals gehabt, und dies alles, weil die Schlange das Schütteln ohne alle Kosten hätte bewerkstelligen können! Wir sehen, dass auch an diesem Geschäftsmodell irgendetwas nicht stimmt. Nehmen wir mal an, die Schlange hätte für das Schütteln eines Apfels Energie in der Größenordnung einer verzehrten Maus aufwenden müssen. Dann wäre die Anzahl der Äpfel, die sie auf die Köpfe von Adam und Eva hätte regnen lassen, wohl eher überschaubar gewesen.

Von Scheiße befreit
Frei nach Goethe, Faust I

Wieder einmal ist von einem Durchbruch mithilfe der Informatik zu berichten. Es geht um eine Komplexitätsreduktion mittels Shitstorms. Bevor wir aber zum harten technischen Kern der Neuerung kommen, müssen wir eine passende Eindeutschung für Shitstorm finden. Scheißsturm klingt ja echt Sch… Versuchen wir es mit Stuhlsturm oder Kotböe. Überzeugt aber alles nicht! Wir erklären den Versuch der Eindeutschung für gescheitert und schließen uns den Sprachwissenschaftlern um Prof. Anatol Stefanowitsch von der Freien Universität Berlin an, welche gerade erst Shitstorm zum Anglizismus des Jahres 2011 gekürt haben.

Der Versuch der Komplexitätsreduktion treibt ja große Gemeinden in der theoretischen Informatik um. Eine besonders erfolgreiche verminderte vor Jahren immer wieder in der Formel für den Aufwand einer Matrizenmulti-

Originalversion erschienen in Informatik Spektrum 35 (5) 2012

© Springer Fachmedien Wiesbaden GmbH, ein Teil von Springer Nature 2020
R. Wilhelm, *Einsichten eines Informatikers von geringem Verstande*,
https://doi.org/10.1007/978-3-658-28386-5_7

plikation den Exponenten auf der vierten Stelle hinter dem Komma. Nachdem das wieder einmal gelungen war, feierte sie diesen weiteren Erfolg durch ein Freudenfest im Rahmen ihrer kommunikativen und sozialen Möglichkeiten. Es sollen dabei einige Extratassen Kaffee geflossen sein!

In dem heute zu meldenden Erfolg geht es um einen Durchbruch ganz anderer Größenordnung! Es handelt sich um das Problem, in einem verteilten System einen Konsens zu finden. Dieses Problem hat mannigfache Varianten mit durchwegs unangenehmen Eigenschaften wie Unentscheidbarkeit oder praktischer Entscheidbarkeit nur auf der Basis eines nichtdeterministischen Verfahrens, welches erfahrungsgemäß schwer zu implementieren ist. Dieses Problem hat neuerdings durch die Einführung des Shitstorms eine Lösung mit konstantem Aufwand gefunden. Wenn z. B. das Justizministerium ein Gesetzesvorhaben zur Neuregelung des Urheberrechts in den Bundestag einbringt, so reicht ein einfacher Test auf der Mailbox des Ministeriums aus, um festzustellen, ob sie mit hereingestürmter Materie übergelaufen ist und man deshalb den bereits gefundenen parlamentarischen Konsens in den Wind hängen sollte.

Teilweise wurde der Erfolg durch die Vereinfachung der eingesetzten Entscheidungsmetriken erreicht. Die Stärke von Argumenten ist traditionell schwierig zu messen. Wenn man sie jedoch mit der Größe eines durch einen Shitstorm aufgehäuften Scheißhaufens korreliert, so lässt diese sich leicht in kByte, Mbyte, GByte, TByte oder gar PByte messen und in die Stärke der Argumente umrechnen.

Wenn man von dem forscherischen Erfolg in der Informatik absieht, kann man den genannten Fortschritt auch als eine Stärkung demokratischer Elemente ansehen. Zumindest sehen das etwa seeräuberische 8 %

der deutschen Bevölkerung so. Nur die politischen Vertreter dieser Partei scheinen derzeit Angst vor den flüssigen Rückmeldungen der eigenen Gefolgschaft zu haben, wenn man die Massenflucht aus ihren oberen Etagen sieht. Der eine erklärt seinen Rücktritt, weil er, so seine Rücktrittserklärung, einsähe, dass der, welcher Sch.. säte, eventuell auch Sch… ernte. Ein Zweiter erklärt, dass, wer andern eine Grube grabe, diese nicht selbst füllen solle. Ein Dritter verkündet seine Einsicht, dass der, welcher im Scheißhaus sitzt, nicht mit Meinungen um sich werfen solle. Alle stimmen darin überein, dass man sich wie Faust beim Osterspaziergang nach dem Abgang sehr befreit fühle, ob vom Eise oder von Scheiße, wen interessiert's?

Informatik und Artenvielfalt

Alle Welt klagt über die Reduktion der Artenvielfalt. Jedes Jahr verschwinden angeblich mehrere hundert Prozent der auf der Erde existierenden Spezies auf Nimmer Wiedersehen. Damit wird eine Zukunft an die Wand gemalt, in der es nur noch Kakerlaken, anaerobe Bakterien und Rüdiger Nehberg geben wird, Spezies, welche auch widrigste Umstände überleben. Jetzt muss ich die Informatik rühmen; sie stemmt sich heldenhaft gegen diesen Trend. Nur nimmt der Rest der Welt dieses mal wieder nicht wahr.

Seit mehreren Jahrzehnten, also praktisch von Anbeginn der Informatik, hat diese sich bemüht, ein Biotop von Konferenzen und Workshops zu schaffen, welches einen Biologen vor Neid erblassen ließe. Sogar für die Weiterentwicklung der Konferenzfauna ist gesorgt. Während der Tierzüchter häufig feststellen muss, dass seine Kreu-

Originalversion erschienen in Informatik Spektrum 35 (6) 2012

R. Wilhelm, *Einsichten eines Informatikers von geringem Verstande*,
https://doi.org/10.1007/978-3-658-28386-5_8

zungen, wenn sie denn überhaupt funktionieren, zu unfruchtbaren Kreaturen führen, haben die Informatiker einen Zeugungsmechanismus entwickelt, der für die unbeschränkte Fortpflanzung von Konferenzen sorgt.

Um den informatischen Konferenzzeugungstrieb zu verstehen, muss man die Mechanismen hinter Wissenschaftlerlaufbahnen kennen. Der Wissenschaftler macht Karriere, wenn er genügend publiziert hat, in der Informatik vorzugsweise auf Konferenzen. Keine Publikationen, keine Karriere! Was machen folgerichtig ein Informatiker oder eine Gruppe von Informatikern, wenn sie mit ihren hervorragenden Arbeiten wegen missgünstiger, intriganter Konkurrenz nicht bei etablierten Konferenzen landen können? Sie kreieren ihre eigenen Konferenzserien. So eine Konferenzserie muss natürlich einem Wissenschaftsbereich zugeordnet sein. Dieser wird meist durch Verfeinerung gewonnen, d. h., man nimmt existierende Bereiche oder Aspekte und kombiniert sie auf geeignete Art. Diese Kombination, logisch meist als Konjunktion interpretiert, schränkt die Thematik der Konferenz ein und schließt damit größere Teile der Konkurrenz vom Wettbewerb um die verfügbare Vortragszeit aus.

Ich möchte das an einem Beispiel verdeutlichen. Die Konkurrenz um Vorträge auf der *International Conference on Systems Engineering* ist hart. Manch wackerer Forscher zieht bei Einreichungen zu dieser Konferenz immer wieder den Kürzeren. Also kreiert er eben mit Kollegen derselben Arbeitsrichtung eine neue Konferenzserie, z. B. die *International Conference on Insight-based Systems Engineering,* wenn die einsichtsvolle Entwicklung ihre Spezialität ist. Weil das mittlerweile in Mode gekommen ist, wird auch dort die Konkurrenz zu groß. Folglich schränken unsere Protagonisten die Thematik für eine neu zu kreierende Konferenzserie weiter ein, z. B. in Richtung zielorientierter, einsichtsvoller Systementwicklung. Das war aber kein guter Schachzug, weil Zielorientierung doch mittlerweile ein jeder macht. Aus Texas kommt die Botschaft vom extremen Design herüber, ob extrem gut oder extrem schlecht, ist allerdings nicht klar. Bei der Serie *International Workshop on extremely Goal-oriented Insight-based Systems Engineering* lichten sich langsam die Reihen der Konkurrenz. Wenn man vielleicht noch agil ist, hat man die Bühne mit dem *Workshop on Extremely Agile Goal-oriented Insight-based Systems Engineering* schon fast für sich. Bewährt hat sich eine zusätzliche geographische Einschränkung. Mit dem *International Swabian Rim Workshop on Extremely Agile Goal-oriented Insight-based Systems Engineering* ist die Akzeptanz der nächsten 100 hochwertigen Publikationen unserer Protagonisten dann endgültig gesichert.

Um zum Ausgangspunkt dieses Artikels zurück zu kehren, die Informatik hat es geschafft, das Biotop der Konferenz- und Workshop-Serien um einige interessante Spezies bereichern, und damit gezeigt, wie der Rückgang der Artenvielfalt, zumindest im Bereich ihres Publikationswesens, durch aktive Vermehrungspolitik bekämpft werden kann.

Müll und Metamüll

Der Mensch produziert Müll. Das ist nun mal so! Schon unsere frühen Vorfahren haben Müll produziert. Ihr Müll erlaubt sogar, ihr Leben zu studieren. Man denke nur an die Funde von abgeschabten Knochen und versteinerten Zwiebelschalen, die zurückgeblieben sind, wenn Frau Homo Sapiens ihren Mann nach einem langen Arbeitstage mit Neanderthaler-Spieß an Zwiebeljus begrüßte.

Für die geplante vertiefende Darstellung des Themas Müll müssen wir allerdings verschiedene Arten von Müll unterscheiden. Da ist erst einmal der *unvermeidliche* Müll, z. B. die in 2013 wieder zu erwartende Dekoration unserer Stadtbilder mit „Angela macht's" und „Peer bringt's"-Plakaten. Dann kommt der *überflüssige* Müll. Dazu gehören etwa die Aufklärungsbroschüren für das Betreuungsgeld oder über ethisches Verhalten im Bankensektor. Die letzte Kategorie ist der *gewollte* Müll, und dazu gehören, wie

Originalversion erschienen in Informatik Spektrum 36 (1) 2013

R. Wilhelm, *Einsichten eines Informatikers von geringem Verstande*, https://doi.org/10.1007/978-3-658-28386-5_9

wir später sehen werden, nicht nur viele Produkte unserer Nahrungsmittelindustrie.

Müllbeseitigung und ständig steigende Müllbeseitigungskosten sind heiße Themen. Ein manchmal auch witziger Kollege äußerte schon vor langer Zeit seine Vision, dass in Zukunft die Gäste einer Abendgesellschaft statt den Gastgebern vermeidbaren Müll als Geschenke mit zu bringen, ihnen anbieten werden, sie von ärgerlichem Müll zu befreien.

Wir Informatiker haben unsere eigene Sicht von Müll geschaffen. Für uns ist Müll, was nicht referenziert wird, also sozusagen unbeachtet in der Ecke liegt. Solcher Müll wird mit automatischen Verfahren aufgesammelt, na ja, eigentlich nicht der Müll zur Entsorgung, sondern die Ecken, in denen er liegt, und zwar zur Wiederverwendung. Diese Verfahren zum Müllsammeln sind meist sehr kompliziert, was zu einer Produktion von wiederum neuem Müll führte, in der Form von fehlerhaften Verfahren und fehlerhaften Korrektheitsbeweisen zu korrekten Verfahren. Nebenbei erhöhten die entsprechenden Publikationen den CO_2-Fußabdruck wissenschaftlicher Publikationsorgane enorm.

Ein Verfahren zur Müllaufsammlung sticht allerdings durch seine Einfachheit heraus; man versieht gespeicherte Objekte mit Zählern, welche angeben, wie viele Referenzen noch auf sie zeigen. Sinkt der Zähler auf Null, kann der Speicher des Objekts freigegeben werden. Wir kennen natürlich die Schwäche des Verfahrens, nämlich dass es zyklisch referenzierten Müll nicht entdeckt.

Das bringt uns endlich zu einer derzeit explosionsartig zunehmenden Art von gewolltem Müll, nämlich überflüssigen Publikationen in eigens zur Müllverbreitung geschaffenen Publikationsorganen. Wir Informatiker haben unser Konzept von Müll auf Publikationen übertragen; nicht referenzierte, d. h. nicht zitierte Publikationen werden, nicht unbedingt immer gerechtfertigt, als Müll angesehen. Bibliometrische Verfahren suchen ständig und automatisiert nach Nichtmüll, um Grade der Nicht-mülligkeit zu bestimmen. Leider haben sie dieselbe Schwä-che wie das referenzenzählende Verfahren zur Garbage Collection. Sie schaffen es vielleicht noch, Selbstzitate zu entdecken, scheitern aber an nichttrivialen zyklischen Zitatkartellen, „Zitierst Du mich, zitier ich Dich".

Der weltweit führende und nicht ganz billige bibliometrische Dienstleister Thomson Reuters *Web of Science* listete in seinen Essential Science Indicators einen in sei-nem, na ja, Wissenschaftsbereich offensichtlich höchst produktiven Wissenschaftler gleich vielfach auf. Er hatte 7 von den 38 „heißesten" Artikeln publiziert, alle in einem in Nigeria erscheinenden Academic Journal on Something or Other. Ein klitzekleines Zitatkartell reichte ihm aus, um eine Unmenge an Zitaten schon kurz nach dem Erscheinen der Artikel zu bekommen. Damit hat der oben erwähnte Dienstleister es geschafft, eine neue Art von Müll zu kreieren, nämlich *bibliometrischen* Müll, man könnte auch sagen *Metamüll*.

Zwitschernd in den Untergang

Die Kultur, zumindest die Zivilisation, die Wirtschaft, das Abendland, ja eigentlich die ganze Welt sind immer schon vom Untergang bedroht. Vor vielen Jahren, als der persönliche Shampoo-Verbrauch noch erheblich größer war, drohte dem Abendland wegen fataler Neigungen der Jugend der Untergang, wahlweise weil wir, die Jugend, falschen, d. h. linken Tendenzen anhingen, die Leistungsgesellschaft ablehnten oder dieses oder jenes Bierchen zu viel zwitscherten. Bei der ersten Alternative war unsere Verankerung in der westlichen Wertegemeinschaft gefährdet, bei der zweiten die Zukunft der Wirtschaft, bei der dritten unsere grauen Zellen. Der Niedergang der Hochkultur und des Wirtschaftsstandorts stehe unmittelbar bevor.

Derzeit steht wieder mal der Untergang des Abendlandes bevor. Grund sind allerdings nicht falsche Ein-

---

Originalversion erschienen in Informatik Spektrum 36 (3) 2013

stellungen oder gezwitscherte Bierchen – diese zählen heute eher als Beitrag zur Stärkung des Bruttosozialprodukts – sondern der Hang der heutigen Jugend, Fluten von Belanglosigkeiten in Twitter und Facebook zu zwitschern. Die Kommunikation und das geistige Niveau drohen total zu verflachen, so wird geklagt, mit Konsequenzen für die Hochkultur und den Wirtschaftsstandort. Klar man fragt sich schon, weshalb der Zauberer, @tuk_mann, bei Twitter folgendes verkündet: Vor 8 Uhr auf. Bedeckt, um 0 Grad. Gebadet. Und ein paar Tage später: 3/4 8 Uhr auf, obwohl erst 1/2 1 nach #Tolstoi-Lektüre das Licht gelöscht. Schneedunkel. Keine Lust zu baden, obgleich es an der Reihe.

Die ZEIT würde ja „Twitter" eher mit „Geschnatter" übersetzen. Allerdings würde eine Assoziationskette den gebildeten Menschen gleich zu den heiligen Gänsen des Kapitols führen, welche ja Rom eher vor dem Untergang bewahrt, als es in diesen geführt haben.

Nichtsdestotrotz, die Dinge stehen schlimm. Wie schlimm, das zeigen die folgenden Zwitschereien:

Ein Steelstorm, @ernstälter, verkündet seiner faszinierten Anhängerschaft: Immer noch plagt mich die leichte Migräne, mit der das Jahr begann. Auf diese Nachricht haben seine Folger sicher gewartet!

Der Zauberer, @tuk_mann, wiederum schafft es, in der erzwungenen Kürze mit weniger als 140 Zeichen Wichtiges über sein Innenleben mitzuteilen: Überfülltes und heißes Theelokal. Allein nach Haus, wo mich unwohl, übel, erschöpft ins Bett legte. Glaubte an Blinddarm. Arzt. Handelt sich außer der nervösen Überanstrengung nur um Gährungsgase. Kohle.

Zitiert nach Thomas Mann: Tagebücher, S. Fischer, und Ernst Jünger: Tagebücher III, Klett.

Wasserdampf ade

Versetzen wir uns einen Augenblick zurück in die gute alte Zeit vor dem Aufkommen des Internets und vor der Wiedervereinigung. Schickte man damals einen Brief von West- nach Ostdeutschland, so wusste man, dass ein Großteil der ostdeutschen Bevölkerung, von der Stasi angestellt, begierig darauf wartete, ihn über einem Topf mit Wasserdampf zu öffnen, auf feindliche Propaganda zu prüfen und anschließend mit ostzonalem Kleber wieder zu verschließen. Das war nicht nur volkswirtschaftlich ineffizient und wegen des Einsatzes von Braunkohle zur Wasserdampferzeugung klimaschädlich. Es sah wegen des schlechten Klebers am Ende auch noch Scheiße aus, wenn der Brief nicht zufällig mit dem hervorragenden Büroklebstoff „Barock Gold", ZAK-Nummer 1488122106097320 wieder zugeklebt wurde.

Originalversion erschienen in Informatik Spektrum 36 (6) 2013

© Springer Fachmedien Wiesbaden GmbH, ein Teil von Springer
Nature 2020
R. Wilhelm, *Einsichten eines Informatikers von geringem Verstande*,
https://doi.org/10.1007/978-3-658-28386-5_11

Um wie viel besser sind die Verhältnisse im Internetzeitalter geworden! Man braucht keinen Wasserdampf mehr, um an die Kommunikation zwischen interessanten Zielpersonen zu kommen, und keinen stinkenden Kleber, um seine Spuren zu verbergen. Informatik macht alles viel einfacher! Die Amerikaner zeigen uns wieder einmal, wie sich der Fortschritt nutzen lässt. Eine kleine Behörde, die NSA, mit einem Jahreshaushalt von schlappen 10 Mrd. US $, bewältigt das Problem auf einer globalen Ebene mit großer Effektivität. Die notwendige Energie wird umweltfreundlich aus abgefracktem Gas erzeugt.

Und so begleitet die NSA fröhlich die Kommunikation von Herrn Ban Ki Moon mit seiner Money Bank, belauscht im Rahmen der Terrorbekämpfung Duzfreundin Angela, verfolgt, natürlich nur mit besten Absichten, den Umzug der EU-Botschaften in Washington, und entdeckt unziemliche Gespräche zwischen Schlapphut-Frau und bestem Schlapphut-Freund. Die anzuzapfende Infrastruktur, ein Knötchen hier und ein Käbelchen dort, liegen ja meist auf eigenem Grund und Boden. Falls sich etwas Wichtiges außerhalb abspielt, nimmt man a little help from my friends, the Brits or the Germans, in Anspruch. Große IT-Konzerne verhelfen gegen geringes Entgelt zu den notwendigen Zugriffen, weil sie sich ihre Steuerprivilegien durch politisches Wohlverhalten sichern, andererseits ihre 3–4 % bezahlten Steuern wieder reinholen möchten. Wenn Sie übrigens meinen, der abgebissene Teil im Apple-Logo würde den Steueranteil am Umsatz andeuten, so halte ich diesen Teil für stark überdimensioniert.

Unser aller Mutter Angela vermutet, basierend auf eigener Erfahrung, bei uns ein leicht gesteigertes Problembewusstsein und verspricht für die übernächste Legislaturperiode eventuell ein klärendes Gesetz. Der Sicherheitsdienstekoordinator dreht Pirouetten auf seiner

Optimismus-„Ist-doch-gar-nichts-passiert"-Schleimspur und Bürgerrechte-Problembär Hans-Peter begibt sich nach seiner USA-Reise erschöpft vorzeitig in den Winterschlaf. Warum sollte die Politik sich auch um mögliche Empörung im Wahlvolk kümmern, wenn Infratest aufgrund einer Blitzumfrage bei 4 Taxifahrern extrapoliert, dass in Deutschland 653123 mal das Passwort „Angela" und 342111 mal das Passwort „Peer" Zutritt zu den angeblich privaten Daten von politisch engagierten Nutzern gewähren, was wiederum eine überraschende Korrelation von politischem Bewusstsein und informationeller Kompetenz mit dem Ausgang der Bundestagswahlen aufweist. Da kommt sich unsereins mit seinem Standardpasswort „Scheiß-NSA" doch ziemlich kreativ vor.

Die Differenzierung der Mail-Halde

Informatiker sind bekanntlich kommunikationsgestörte, zur Vereinsamung neigende Nerds. Deshalb habe ich es sehr begrüßt, als ich in meiner nerdischen Umgebung von einer Individual- auf eine Gruppenware umgestellt wurde. Das versetzte mich in eine neue kommunikative Situation, wie der Soziologe sagen würde. Sie stimulierte Gespräche über Zugangsprobleme, Gründe für Systemabstürze und schmerzlich vermisste Funktionen. Nicht gerechnet hatte ich allerdings damit, dass ich die voreingestellte Maximalgröße für die Gesamtheit von Mailverzeichnissen reißen würde. Diese Beschränkung verhinderte erst mal meinen Umzug von der Individual- in die Gruppenbeglückung. Offensichtlich konnten sich die Entwickler nicht vorstellen, dass ein Angehöriger meiner Generation mit einer entsprechend langen Mailnutzungsgeschichte existierte, geschweige denn, dass er es wagen würde, auf ihre Soft-

Originalversion erschienen in Informatik Spektrum 37 (1) 2014

R. Wilhelm, *Einsichten eines Informatikers von geringem Verstande*, https://doi.org/10.1007/978-3-658-28386-5_12

ware umzusteigen. Nachdem die Grenze auf weit über ein Gigabyte erhöht wurde, gelang dann der Umzug. Eigentlich wollte ich aber über all dies gar nicht schreiben. Etwas Anderes faszinierte mich mehr.

Als interessierter Beobachter meines eigenen Verhaltens habe ich mich schon lange über die Dynamik im Zoo meiner Mailverzeichnisse gewundert. Man sollte ja meinen, dass ein Mensch meines Alters keine neuen Verzeichnisse mehr braucht, weil er alles schon einmal erlebt und durch Mailverzeichnisse abgebildet hat.

Ein Ordner *Familie* mit fester Menge von Unterverzeichnissen z. B. ist für Menschen mit abgeschlossenem Familienbild durchaus stabil. Enkel werden bei ihren Vätern bzw. Müttern miterfasst.

Außerhalb solcher Zonen ist Stabilität allerdings überhaupt nicht gegeben. So hat mich erst im hohen Dienstalter zum ersten Mal ein massiver Einbruch in unsere Rechnerinfrastruktur erwischt, welcher zu einem intensiven Mailverkehr und zur Anlage eines Verzeichnisses *nach-dem-Einbruch* führte.

Der energische Einsatz der NSA für unseren Schutz vor dem Terror ist ein so interessanter Kommunikationsgegenstand, dass sich ein neues Verzeichnis *vor-dem-Terror* lohnte.

Wenn man in einem gewissen Umfang mit Bürokratie zu tun hat, bringt dies schon automatisch eine große Dynamik in die Landschaft der Mailverzeichnisse. Denn wo findet sich ein so viel Kreativität wie in unseren Amtsstuben? Nicht, dass diese Kreativität der Welt irgendwie helfen würde. Ganz im Gegenteil! Aber sie stellt die von der bürokratischen Heimsuchung Betroffenen vor immer neue Herausforderungen, die zu Kommunikation mit notwendiger Dokumentation und Ablage im Mailverzeichnis *wichtige-Aktennotizen* führt. Wer möchte schon Nachrichten wie die folgende verlieren, „Ich möchte doch unbedingt davor warnen, eine Entscheidung zu fällen, weil jede der möglichen Alternativen mit Risiken verbunden ist."?

In mancher Beziehung kreierte meine eigene Phantasielosigkeit die Notwendigkeit, neue Mailverzeichnisse anzulegen. Hätte ich z. B. statt des Verzeichnisses *Web* gleich eines mit dem Namen *Web-n.0* angelegt, so hätte ich mir viele Nachbesserungen sparen können. Ähnliches gilt für *Industry-n.0* und *Science-n.0*. Daraus zog ich aber eine offensichtlich zu radikale Lehre, indem ich einen Ordner namens *e-Zeugs* anlegte, den ich schon bald in *eBay* und *e-Sonstiges* differenzieren musste.

Eine neue Situation ergab sich durch meine Wahl in den Universitätssenat und den gleichzeitigen Versuch der Landesregierung, die Schuldenbremse durch Reduktion des Universitätshaushalts zu bedienen. Schon war ein Mailverzeichnis *wie-spart-man-eine-Universität-kaputt* fällig.

Zu meiner Selbsteinschätzung als seriöser Mensch mag es ja abweichende Meinungen geben. Aber es kam für mich doch sehr überraschend, dass ich zur Anlage eines Mailfolders *Schraeges* gezwungen wurde, weil die Welt laufend Sottisen wie diesen Text von mir erwartete.

Reisen ins Unwesentliche

Zu den größten Segnungen des Internet-Zeitalters gehört unbedingt die Zunahme an Kommunikation. Oft frage ich mich, wie unsere Vorfahren die kommunikative Ödnis, in der sie leben mussten, überhaupt ausgehalten haben. Wenn ich an meine Vorfahren in einem kleinen sauerländischen Dorf denke, da fällt mir dieser Unterschied besonders auf. Geredet wurde nicht viel. Und Briefe? Vielleicht einmal im Jahr einen von der Schwester aus irgendeiner Missionsstation in Afrika, alle zwei Jahre ein Brief vom ausgewanderten Bruder in Amerika und regelmäßig einmal im Jahr eine Geburtsanzeige von jeder näher verwandten Familie. Vielleicht rührte sich auch mal die Obrigkeit. Aber das war es dann auch! Diese Leute waren sozusagen zurückgeworfen auf das absolut Wesentliche im Leben; ihren Lebensunterhalt sichern, Kinder großziehen und gute Nachbarschaft pflegen. Sie erfuhren

Originalversion erschienen in Informatik Spektrum 37 (5) 2014

© Springer Fachmedien Wiesbaden GmbH, ein Teil von Springer Nature 2020
R. Wilhelm, *Einsichten eines Informatikers von geringem Verstande*,
https://doi.org/10.1007/978-3-658-28386-5_13

nichts von brillanten Geschäftsideen aus Nigeria, bekamen keine schönen Frauen aus Russland angeboten und, was die primären Geschlechtsorgane der Männer anging, mussten diese mit dem auskommen, was ihnen die Natur beschert hatte.

Vor allen Dingen wussten sie gar nicht, wohin sie gerade äußerst günstig reisen sollten. Na gut, sie verreisten nicht sehr häufig, und wenn, dann zu Hochzeiten und Beerdigungen von Verwandten in Nachbardörfern, einmal im Leben auch nach Rom oder nach Lourdes. Wenn sie aber erfahren hätten, dass ein Reiseportal ihnen, exklusiv und nur für kurze Zeit, eine um 50 % vergünstigte Unterkunft in Ouagadougou vermittelt hätte, vielleicht wären sie ja statt nach Rom nach Ouagadougou gefahren? Das hätte ihnen wahrscheinlich so gut gefallen, dass sie gern weitere regelmäßig eintreffende Informationen über Herbergen und Einkaufsmöglichkeiten in Ouagadougou empfangen hätten. Schließlich, warum soll man woanders hin fahren, wenn man einmal in Ouagadougou gewesen ist und dort preiswert unterkommt und einkaufen kann?[1]

Hätten meine Vorfahren sich, aus purer Neugierde, an irgendeiner für jedermann zugänglichen Quelle[2] nach dem Ort Oberneger erkundigt, der von ihrem Heimatort gesehen jenseits von etwa 4 Bergrücken lag, so wären

---

[1]Da merkt man, dass die Entwickler der Reiseportale gestandene Informatiker sind, die unter der Annahme arbeiten, dass Reisende lokales Verhalten wie Programme zeigen, also in naher Zukunft dorthin reisen, wo sie in jüngster Vergangenheit schon mal gewesen sind. Als ausgewiesener Experte für Caches, deren Wirksamkeit auf der Lokalität des Programmverhaltens basiert, interessiert mich jetzt natürlich, ob die Ersetzungsstrategie LRU ist und wie groß der „Reisecache" bei den Programmportalen ist, d. h. wie oft ich an andere Orte als Ouagadougou reisen muss, damit es aus dem Reisecache verdrängt wird. Ich werde sofort nach meiner Emeritierung eine größere Reihe von Reisen unternehmen, um diese interessante Frage zu klären. Dabei hoffe ich auf Unterstützung aus dem Budget des Informatik Spektrums!

[2]Heute wäre eine solche Quelle z. B. Google.

ihnen prompt ein paar Tage später mit großem Bedauern mitgeteilt worden, dass weder in Ober- noch in Mittel- und Unterneger Hotels existierten. Stattdessen wären sie über Beherbergungsmöglichkeiten in Olpe und Drolshagen informiert worden[3]. Nicht, dass sie jemals nach Oberneger hätten reisen wollen. Aber es war doch gut zu wissen, dass sich die allgemein gut zugängliche Informationsquelle intensiv mit ihrem Informationsbedürfnis beschäftigt hatte.

Sicherlich hätten sich meine Vorfahren auch für die Teilnahme an einem Gewinnspiel registriert, bei dem sie für einen Thaler ein Wochenende in einem Deal Hotel in Schruns- Tschagguns hätten gewinnen können. Sie hätten eine riesige Freude darüber gehabt, wie viel sie bei ihrer Reise nach Schruns-Tschagguns gespart hätten, obwohl sie dort ja eigentlich gar nicht hin wollten. Die Registrierung hätte ihnen weiter aus ihrer kommunikativen Misere geholfen. Denn anschließend hätte man ihnen noch viel tollere und noch exklusivere Angebote aus Ouagadougou und Schruns-Tschagguns vermittelt.

---

[3]Heutzutage z. B. von einem Reiseportal wie booking.com.

Gespritzt, bestrahlt, gepumpt, aber nicht verifiziert

Die Medizintechnik hat mithilfe der Informatik in den letzten Jahren ungeheure Fortschritte gemacht. Fast alle medizinischen Geräte werden inzwischen von Rechnern gesteuert. Praktisch nur noch das Stethoskop, welches dem Doktor als Statussymbol aus der Tasche baumelt, der Hammer, mit dem er dem Patienten vor das Knie haut, und die Spritze, die er eigenhändig setzt, kommen ohne Rechner aus.

Dabei sind die Errungenschaften je nach Gerät durchaus verschieden. Gemein scheint den verschiedenen Geräteklassen zu sein, dass sie auf einem diskussionswürdigen Stand der Kunst entwickelt werden. Man sehnt sich fast nach traditionellen Gebräuchen der Luftfahrtindustrie zurück. In alten Zeiten, als die physikalische und mathematische Qualitätssicherung von Flügelentwürfen noch nicht möglich war, erreichte man qualitätsvolles

Originalversion erschienen in Informatik Spektrum 37 (6) 2014

Arbeiten der Entwickler dadurch, dass man sie verbindlich zum Erstflug des von ihnen mitentwickelten Fliegers einlud.

Schrittmacher werden von Mikroprozessoren gesteuert. Sie teilen aber inzwischen auch in der Nähe befindlichen Laptops und Klugphons die gesammelten Daten über den Kreislauf des Patienten mit, lassen sich anhalten oder umprogrammieren. Wer also seinen besten Freund mithilfe von dessen Schrittmacher etwas auf Schwung bringen will, der begebe sich in seine Nähe und gebe mittels seines Klugphons etwas Saft auf den Schrittmacher. Ist gar nicht so schwer!

Infusionspumpen liefern wahrscheinlich die meisten Geschichten über die erfolgreiche Softwaresteuerung von medizinischen Geräten. Von 2005 bis 2009 hat die amerikanische Food and Drug Administration (FDA), die in den USA für die Sicherheit von medizintechnischen Geräten zuständig ist, ungefähr 56 000 Berichte über widrige Ereignisse (adverse events) bei Infusionspumpen erhalten. Nun ist es unzweifelhaft ziemlich widrig, wenn man durch die fehlerhafte Funktion einer Infusionspumpe vom Leben zu Tode gebracht wird! Deshalb wurden in dem Zeitraum von 2005 bis 2009 knapp 90 Typen von Infusionspumpen wegen Mängeln zurück gerufen, die meisten wegen Softwareproblemen. Zum Beispiel hatten manche Pumpen eigene Vorstellungen darüber, zu welchen Tageszeiten man pumpen darf; sie erklärten manche Tageszeiten sozusagen als pumpfreie Zeiten. Andere eigneten sich erweiterte Fähigkeiten an; sie konnten nicht nur Medikamente in den Patienten hinein, sondern sogar Blut aus ihm heraus pumpen. Hier war allerdings Terminierung, ein bekanntes schweres Problem für den Softwareentwickler, garantiert durch den begrenzten Vorrat des roten Saftes.

Ein besonderes Kapitel sind die Bedienoberflächen der Infusionspumpen; Sie geben aus vielerlei Anlass Grund zur Freude: Eingabefelder sind gar nicht oder unleserlich beschriftet und bei den beiden dominierenden Pumpentypen im Markt in gegeneinander vertauschter Reihenfolge angeordnet. Die Software gibt unverständliche Meldungen. Manche warnen so häufig, dass man die Alarmmeldungen nicht mehr ernst nimmt, manchen sparen sich die Warnungen, auch wenn sie sehr angebracht wären, und manche produzieren Alarme erst, wenn es zu spät ist. Meine Schlussfolgerung wäre: Die Entwickler von Software für Infusionspumpen sollten während ihrer Arbeit per solide arbeitender Infusionspumpe Kompetenz, Vorsicht und Sorgfalt in großen Dosen zugeführt bekommen und anschließend die von ihm entwickelte Pumpe am eigenen Leibe ausprobieren.

Die Bestrahlung von Krebspatienten wird selbstverständlich von elaborierten Programmen optimiert gesteuert. Manchmal gehen diese Programme etwas großzügig mit der Strahlendosis um. Der berüchtigte THERAC-25 gönnte Patienten schon mal das 100-fache der gebotenen Strahlungsdosis und das, soweit bekannt, ohne Aufpreis für die Hinterbliebenen! Die Ursachen, eine übersehene Race Condition und ein überlaufender Zähler; das kann doch schon mal passieren!

Den größten Fortschritt durch den Einsatz von Informatik haben die bildgebenden Verfahren in der Medizin mit sich gebracht. Als Informatiker kann man kaum glauben, welche eindrucksvollen Leistungen aus einem Standard-PC unter irgendeiner Windows-Version heraus zu holen sind. Wenn man in einem Computertomographen liegt, merkt man kaum, dass die ihn steuernde Software verzweifelt nach freiem Platz für dynamisch allokierte Daten sucht oder sogar schon den Garbage Collector angeworfen hat. Man kann nur hoffen, dass der Garbage, den die Software findet, nicht der mit einer zusätzlichen Strahlungsdosis durchleuchtete Patient ist. Man fragt sich, was ein hochauflösendes Bild vom Inneren des Entwicklerkopfes zutage bringen würde.

Ich gebe zu, das klingt alles bestürzend. Aber wozu haben wir denn unser hervorragendes, vielfach durchleuchtetes und von Lobbyisten mit netten Regelungen vollgepumptes Medizinproduktegesetz, welches die Qualität medizintechnischer Produkte aufs allerfeinste garantiert? Es legt doch schließlich fest, dass nach dem Stand der Kunst gearbeitet werden muss. Blöderweise lässt es offen, wie man den Stand der Kunst herausfindet. In der Folge der fehlenden Ausführungsbestimmungen des Medizinproduktegesetzes sieht sich jeder Entwickler selbst als Inkorporation des Standes der Kunst. Bestenfalls folgt er der zuständigen Norm und lässt seiner künstlerischen Natur in einem V-Prozessmodell ihren Lauf.

Und wo sind die *benannten Stellen,* welche für die Kontrolle zuständig sind, gleich 80 an der Zahl in Europa? Sie betreiben das Prüfen als Geschäft, und zu viel Strenge ist geschäftsschädigend. Journalisten vom British Medical Journal und dem Daily Telegraph stellten einen erfolgreichen Antrag auf Zulassung einer offensichtlich fehlerhaften Hüftprothese. Auf Nachfrage, wieso diese zugelassen worden sei, wurde ihnen bekundet, dass die *benannten Stellen* im Interesse der Industrie und nicht im Interesse der Patienten arbeiten. Angesichts der Erwartungen an sie in der Öffentlichkeit sollte man sie vielleicht in *verkannte Stellen* umbenennen.

Die Energiewende in ihrem Lauf, …

Seit Fukushima quält sich die Energiewende mehr mit Problemen als mit Fortschritten über die Runden. Da erreicht uns über die Wissenschaftsseite der Süddeutschen Zeitung vom 19.01.2015, http://www.sueddeutsche. de/wissen/energieerntender-schuh-kraftwerk-in-der-sohle-1.2306926, eine aufregende einschlägige Nachricht aus dem Land der Erfinderle, genauer gesagt aus Villinge-Schwenninge. Es geht um den energie-ernten-den Schuh: Ein paar Magnete induzieren beim Gehen in Induktionsspulen einen Strom, der dann verbraucht oder gespeichert werden kann.

Ignorieren wir die Schwierigkeiten des Autors mit physikalischen Dimensionen wie Strom, Ladung, Leistung und Energie. Das passiert ja heutzutage fast jedermann. Erfreulich dagegen, zumindest für einen der Autoren dieses Beitrags, ist die Tatsache, dass er endlich mal einen

Originalversion erschienen in Informatik Spektrum 38 (2) 2015

© Springer Fachmedien Wiesbaden GmbH, ein Teil von Springer Nature 2020
R. Wilhelm, *Einsichten eines Informatikers von geringem Verstande*, https://doi.org/10.1007/978-3-658-28386-5_15

Vorteil durch seine Schuhgröße – auch bezeichnet als „Elbkahn" – hat, denn die erzeugte Strommenge steigt linear mit der Schuhgröße. Überraschend ist die Aussage, „Wenn man läuft, beschleunigt der Fuß teils auf das Fünfzigfache der Erdbeschleunigung"! Jetzt verstehen wir die vielen Straßen- und Gehwegschäden in unseren Städten: Da sind Fußgänger zu stark aufgetreten und haben dabei Löcher in die Beläge gestanzt. Nur die Siebenmeilenstiefel aus der deutschen Märchenliteratur könnten wohl ähnliche Beschleunigungswerte entwickelt haben. Aber die hatten ja auch Zauberkraft!

Die beiden einzigen im Artikel gelisteten Anwendungen des Quantenstroms überzeugen nicht so recht. Die erste ist der Betrieb eines Ariadne-Navis, welches den in einem Gebäude zurückgelegten Weg aufzeichnet und dem Gehnerator anschließend den Weg zurück weist. Das hat Vorteile und Nachteile. Einerseits hätte z. B. Boris Becker sich nicht auf dem Rückweg vom Bieseln in eine Besenkammer verirrt und dort per Oralverkehr ein hübsches Kind gezeugt. Andererseits hatten Theseus und Ariadne vor mehr als 2000 Jahren schon eine billigere Lösung gefunden, und das ganz ohne finanzielle Hilfe aus Brüssel!

Die zweite, das motorische Schließen der Schuhe ist für „ältere und hilfsbedürftige Menschen" wie z. B. die Autoren dieses Artikels häufig ein ernstes Problem. Leider ist die Energieausbeute selbst bei Turbowandlern so gering, dass die Oldies erst mal eine Stunde mit offenen Schuhen herum schlappen müssen, bevor genügend Saft zum motorischen Schließen ihrer Schuhe da ist. Bei den Entfernungen, die Kamerad Schnürschuh, der deutsche Wehrmachtssoldat, im Feldzug gegen die Sowjetunion zurückgelegt hat, hätte die Stromausbeute allerdings fast zur Elektrifizierung der westlichen Sowjetunion gereicht. Aber nur – wie bei der Wehrmacht zu Beginn des Feldzugs – in West-Ost-Richtung wegen des von Flugzeugen bekannten Jetstreams. Diese West-Ost- oder auch Links-Rechts-Unsymmetrie sollte künftig stärker beachtet werden, denn: Haben Sie jemals eine Übertragung eines Hundert-Meter-Laufs gesehen, bei der die Läufer von rechts nach links sprinteten?

Es müssen überzeugendere Anwendungen her! Naheliegend wäre der Einsatz des Schuhstroms für den Betrieb lebenswichtiger Geräte wie Tablets, Smartphones usw., die immer gerade dann „Batterie leer" anzeigen, wenn ein extrem wichtiger Anruf erwartet wird, sei es die Ankündigung eines Rufs auf einen renommierten Lehrstuhl, sei es das überzeugende Kontaktangebot einer russischen oder ukrainischen Modelagentur.

Herren der Schöpfung, bei denen die Intelligenz seit Jahren die widerständigen Haare aus dem Wege räumt und sich ihren Weg Richtung Sonne bahnt – die Autoren dieses Essays zählen durchaus dazu -, könnten mittels Schleichstroms ihre Resthaare zu Berge stehen lassen und damit, ohne den Einsatz klimaschädlichen Haarsprays, neue Fülle vorzeigen.

Das Problem des vernetzten Autos ist ja bis auf ein paar Kleinigkeiten wie den Schutz vor Hackern und der Sicherheit anderer Verkehrsteilnehmer wie Fußgänger, Rad- und Autofahrer technisch gelöst. Angepriesen wird es damit, dass ein Auto auf es folgende Fahrzeuge vor kommenden Staus warnen kann. Der vernetzte Schuh hingegen wurde bisher kaum betrachtet. Dabei könnte so ein Schuh nachfolgende Treter vor den Ausscheidungen von Hunden auf Gehwegen warnen – also vor einem „Kotakt", der infolge eines Schreibfehlers den Betreff einer kürzlich empfangenen Email-Nachricht bildete. Diese Anwendung würde vor allen Dingen in unserer geliebten Hauptstadt extrem populär sein.

Der Autor dankt dem Koautor Otto Spaniol.

Der Algorithmus – eine moderne Menschheitsplage

„Irgendetwas in der Mathematik, im Algorithmus, in den Daten, hat nicht gestimmt."
Mercedes-Teamchef Toto Wolff nach der verfehlten Boxenstoppstrategie für Lewis Hamilton beim Formel 1-Rennen in Monaco

Wenn man darüber nachdenkt, was die Welt daran hindert, einfach nur wunderbar zu sein – ich denke an Louis Armstrong: „What a wonderful world!" -, dann fällt einem gleich eine Liste von Plagen ein wie Kriege, Hungersnöte, Naturkatastrophen, Seuchen, Terror und das Verletzungspech bei Borussia Dortmund. Nichts hat es im Bewusstsein der Menschen in der letzten Zeit so schnell neu auf diese Liste geschafft wie **der Algorithmus.** Er wurde enttarnt als die moderne Menschheitsplage an sich. Es rückte blitzartig ins Bewusstsein der Menschen, dass Algorithmen ihr Kaufverhalten analysieren und daraus schließen, dass

---

Originalversion erschienen in Informatik Spektrum 38 (4) 2015

© Springer Fachmedien Wiesbaden GmbH, ein Teil von Springer Nature 2020
R. Wilhelm, *Einsichten eines Informatikers von geringem Verstande,*
https://doi.org/10.1007/978-3-658-28386-5_16

nur Ekelfleisch alle ihre preislichen Anforderungen erfüllt, dass Algorithmen ihre Fitnesswerte bestimmen und sie mit Warnungen vor Vorabendfernsehen, Bier und Chips nerven, dass Algorithmen ihre politischen Präferenzen analysieren und ihnen voraussagen, dass sie eine Chaotentruppe mit kurzer Halbwertszeit wählen werden.

Wir Informatiker können uns da nur wundern. Denn wir wissen ja schon lange, dass Algorithmen das schlechte Wetter für das Ausflugswochenende, falsche Boxenstoppempfehlungen, die niedrigen Ausschüttungen an die Lebensversicherungsnehmer und die hohen an die Lebensversicherungsgeber ausgerechnet haben.

Wir wollen aber wie immer das Positive sehen, „Herr Wilhelm, wo bleibt das Positive?". Es gibt wirklich viele neue, positive Anwendungen für Algorithmen. Nehmen wir mal die Politik, speziell die Wahlen. Jeder weiß inzwischen, dass die Aussagen von Wahlgewinnern und Wahlverlierern am Wahlabend aufgrund der Wahlversprechen, der Koalitionsaussagen und der Wahlergebnisse leicht voraussagbar sind und durch einen Algorithmus automatisch synthetisiert werden können.

Die Wahlen selbst durch algorithmische Berechnungen zu ersetzen, ist nach dem Stand der Wahlforschung derzeit noch nicht möglich, weil die Befragungen zu hohe Unsicherheiten aufweisen. Die Wahlforscher wissen aber, dass es gewisse Parteien gibt, zu welchen der befragte Wahlbürger sich nicht offen bekennt. Diese Bekenntnisverweigerung korreliert stark mit der Weigerung, sich als Käufer bei Billigketten zu outen. Die Kombination von angekündigter Wahlaussage mit analysiertem Kaufverhalten erlaubt eine dermaßen präzise Voraussage des Wahlergebnisses, dass die kostenträchtige Durchführung der Wahlen in Zukunft durch eine relativ simple Berechnung ersetzt werden kann.

Da an Wahltagen erfahrungsgemäß sehr gutes Wetter ist, würde ein solcher Wahlgorithmus dem Wahlvolk einen Bundesausflug, eine Landeswanderung, einen Gemeindespaziergang und eine Europareise bescheren. Wählerbefragungen wird es ja weiterhin geben müssen, damit die Politiker feststellen können, was ihre Meinung in wichtigen Fragen ist.

Kluge Elterei

Schon wieder hat sich die Informatik ein neues, über-raschendes Anwendungsgebiet erschlossen und erzielt dort große Erfolge, nämlich bei der Optimierung der Entwicklung unserer Kinder. Wie konnten wir nur in der Vergangenheit ohne Hilfe von entsprechenden Apps aus unseren Kindern halbwegs gescheite Menschen machen? Wir tappten komplett im Dunkeln, was die in einem Monat geleisteten Stillzeiten und die Gesamtzahl und die zeitliche Verteilung der abgelassenen Bäuerchen, die Anzahl der gefüllten Windeln und das Gesamtgewicht der Füllungen anging. Das Wachstum der Kinder wurde höchstens alle halbe Jahre durch eine Kerbe am Tür-rahmen markiert und blieb unverglichen mit der Größen-statistik der altersgleichen Kinder in der mongolischen Volksrepublik.

Originalversion erschienen in Informatik Spektrum 38 (5) 2015

© Springer Fachmedien Wiesbaden GmbH, ein Teil von Springer Nature 2020
R. Wilhelm, *Einsichten eines Informatikers von geringem Verstande*,
https://doi.org/10.1007/978-3-658-28386-5_17

Neuerdings erfassen engagierte Eltern jede Aktivität ihrer Kinder durch hoch effektive Apps. Datenbanken speichern die für die Kindsentwicklung relevanten Daten über Stillaktivitäten, gewechselte Windeln und gemachte Bäuerchen in der Wolke. Übrigens macht das die sonst so abstrakte Wolke plötzlich plastisch erfahrbar, ein allseitig unbegrenzter Raum, gefüllt mit Zigmillionen Häufchen und Bäuerchen. Statistische Analysen finden alles Wichtige über die Kindsentwicklung heraus und maschinelle Lernverfahren helfen beim Optimieren. So fanden raffinierte Zeitreihenanalysen z. B. eine starke Korrelation zwischen Bäuerchen und vorangehender Nahrungsaufnahme heraus.

Sprachliche Äußerungen werden analysiert und mit sorgfältig berechneten Normwerten verglichen. Gegebenenfalls werden Warnungen über zu langsame verbale Entwicklung abgegeben. So bekommt der Großvater auf seine einfühlsamen Frage „Baby Kaka macht?" die Empfehlung, wegen verbaler Spätentwicklung dringend einen Logopäden aufzusuchen.

Eine wichtige Funktion der Apps ist die Synchronisation des Wissenstandes beider Eltern. So kann sich der Vater beim Shoppen oder die Mutter am Vorstandstisch über den Feuchtigkeitszustand der Windel des gemeinsamen Kindes sekundenaktuell informieren.

Über eine entsprechende App ließen sich übrigens Windeln an das Internet der Dinge anschließen. Damit hätte man endlich einen zweiten Gebrauchsgegenstand an das Internet der Dinge angeschlossen; neben dem immer wieder angeführten Kühlschrank, der gefüllt werden möchte, jetzt die Windel, die geleert bzw. gewechselt werden möchte.

Aber ich sehe natürlich ein, dass der tatsächliche Zweck all dieser neuen Apps die genaueste Überwachung der Kindsentwicklung ist, um vorauszusagen, wohin sich das

Kind entwickeln wird und wo etwas in der Entwicklung erkennbar schief geht.

Vermutlich hätten wir, hätte es damals schon solch tolle Apps gegeben, eine unserer Töchter zurückgegeben. Sie verbrachte nämlich eine eher kontemplative Kindheit, zog mit 1 ¾ Jahren erstmalig vorsichtig in Betracht, sich selbst zu bewegen und hielt sich mit verbalen Äußerungen lange zurück. Allerdings lernte sie dann schon vor Beginn der Grundschule ohne unser Zutun Lesen, Rechnen und ein bisschen Schreiben, weigerte sich bei der Grundschuleingangsprüfung alberne Fragen nach der Zahl vor ihr liegender Buntstifte zu beantworten, wurde von ihren Trainern für die Landesauswahl im Fußball nominiert, jonglierte auf einem Einrad balancierend und legte ihr Abitur mit Note 1.0 ab. Soweit meine Statistik zur Zuverlässigkeit der Beurteilung von Voraussagen bezüglich der Kindsentwicklung, beruhend auf einem Fall!

Bedienhilfen

Dieses Mal muss ich von Bedienhilfen berichten, die einem so helfen, dass man anschließend bedient ist. Diese Semantik des Worts „Bedienhilfe" war mir bisher fremd. Inzwischen verstehe ich sie besser, und das kam so.

Eines Tages vernahm ich Sprache aus meinem Rucksack. Ich konnte mit Sicherheit ausschließen, dass ich gerade in meinem Rucksack einen unbegleiteten ausländischen Jugendlichen über die deutsche Grenze transportierte. Da blieben nicht allzu viele Erklärungen für dieses Phänomen übrig. Meine erste Reaktion war, an meiner geistigen Gesundheit zu zweifeln. Als ich meiner näheren Umgebung mitteilte, dass ich Stimmen aus meinem Rucksack hörte, sah ich die angesprochenen Leute etwas verdeckt recherchieren, was die Modalitäten einer Zwangseinweisung sind.

Originalversion erschienen in Informatik Spektrum 38 (6) 2015

Es gab aber eine Erklärung, nämlich die folgende: Ich besaß ein Handy einer international steuermindernd tätigen Firma aus Kalifornien. Nur bei deren Handys scheint dieses Phänomen aufzutreten. Typischerweise erklärte mir die Geisterstimme aus meinem Rucksack, dass gerade ein internationaler Anruf getätigt wird, nicht bei Steve Jobs, wie man erwarten könnte, sondern bei jemand, der in meinem Adressbuch stand. Das grenzte Gott-sei-Dank den Kreis der potenziell angerufenen etwas ein.

Aber wie kommt das offensichtlich überaus smarte Phone auf die Idee, überhaupt Anrufe zu tätigen? Da kommen die Bedienhilfen ins Spiel! Eines dieser nützlichen Helferchen ist die Spracheingabe. Sie wird aktiviert, wenn man den Heim-Knopf mindestens 3 s gedrückt hält. Das wird man freiwillig nicht allzu oft machen. Wenn man allerdings sein Handy so ungünstig im Rucksack oder der Hosentasche platziert, dass der Heimknopf Druck kriegt, dann wird die Sprachsteuerung eingeschaltet und lauscht, vielleicht etwas übereifrig und nicht immer ohne Missverständnisse auf his Master's oder her Lady's Voice und interpretiert das, was es zu verstehen meint, als gewünschtes Kommando. Das kann dann z. B. ein Anruf bei einer nahen Verwandten oder einem entfernten Kollegen sein.

Gefährlich ist, dass der Druck auf den Heimknopf sich situationsbedingt dynamisch aufbauen kann. Bei jungen Männern im stürmischen Alter ist die Hosentasche diesbezüglich ein besonders gefährlicher Aufbewahrungsort für das Handy. Es wird von peinlichen Szenen beim Auftauchen von attraktiven weiblichen Personen berichtet. Einmal bewundernd „Mamma mia!" ausgestoßen und schon wird die im Adressbuch verzeichnete Telefonnummer der Mama angerufen. Na ja, eventuell wird auch der Papa angerufen oder der beste Freund oder der ADAC. Wäre die Erfolgsquote bei diesen Anrufen größer, käme man mit vielen Leute telefonisch in Kontakt, die man immer schon mal anrufen wollte. Aber zumindest versucht es die Sprachsteuerung. Dieses muss man ihr positiv attestieren.

Vom Hersteller des Phones wird diese Hilfsfunktion für so unverzichtbar gehalten, dass man sie selbst durch ein laut und deutlich ausgesprochenes „Sch…" nicht loswerden kann. Man fragt sich, haben die Entwickler das gemäß der Spezifikation so implementiert, oder fanden sie es, als sie erst einmal realisiert hatten, einfach so toll, dass sie sich gar nicht vorstellen konnten, dass jemand diese Funktionalität jemals wieder los werden möchte.

Das ist wahrscheinlich bei der intelligenten Abgasreinigung in Diesel-PKWs ähnlich.

Revolutionäre bibliometrische Maße

Dieser Beitrag preist zur Abwechslung mal nicht revolu-
tionäre Errungenschaften anderer Informatiker über den
grünen Klee, sondern stellt, in aller Bescheidenheit, eigene
Ideen des Autors zur Verbesserung der Welt vor, in der
Hoffnung, seinen Kreativitätsindex auf der nach unten
offenen Musk-Skala entscheidend zu verbessern.

Die vorgestellten Ideen betreffen den höchst aktuel-
len Bereich der Bibliometrie, welcher nach der Erfindung
mehrerer Rotwild-Indizes an drohender Austrocknung leidet. Insbesondere greifen sie dort ein, wo die etablierten
Indizes rein quantitativ werten, also Publikationen und
Zitate darauf zählen. Die neuen Metriken bewerten stattdessen die Qualität der Strategie, mit der ein Publikations-
erfolg erzielt wurde.

Originalversion erschienen in Informatik Spektrum 39 (3) 2016

© Springer Fachmedien Wiesbaden GmbH, ein Teil von Springer
Nature 2020
R. Wilhelm, *Einsichten eines Informatikers von geringem Verstande,*
https://doi.org/10.1007/978-3-658-28386-5_19

Der Index des kleinsten publizierbaren Inkrements (KPI-Index) Die schon lange bekannte Strategie des kleinsten publizierbaren Inkrements entbehrte bisher einer zugehörigen Metrik. In Analogie zu der populären statistischen Größe *micromort,* also dem Vielfachen einer 1: 1 000 000-Wahrscheinlichkeit, bei einer gefährlichen Aktivität wie z. B. vertieftem Nachdenken ums Leben zu kommen, schlage ich die Einheit *idpromilli* vor. Definiert wäre sie als Zahl der Ideen pro 100 Publikationen. Es soll durchaus Wissenschaftler geben, die ihren KPI-Index über ein langes Forscherleben in der Nähe von 1 halten.

Die Warme-Luft-Index (WL-Index) Eng verwandt mit dem KPI-Index misst er das Ausmaß, in dem eine Idee in ihrer Darstellung aufgeblasen wird. Oft entpuppen sich groß gepriesene Konzepte so wie Michael Endes Scheinriesen, beim Näherkommen werden sie immer kleiner. Ein unverzichtbarer Bestandteil in der entsprechenden Strategie sind mit großer Bedeutung aufgeladene Terme, hinter denen bei näherem Hinsehen nicht viel steckt. Eine alternative Bezeichnung für den Warme-Luft-Index wäre der Mücke-zu-Elefanten-Index.

Der Appell-an-die-Ignoranz-Index (AI-Index) Eine erfolgreiche Strategie, seine Forschungsergebnisse publiziert zu bekommen, zielt auf die Inkompetenz der in Programmkomitees und Editorial Boards vertretenen Kollegen; man kennt die Grenzen von deren Kenntnisbereichen und motzt seine Papiere mit hochgestochenen mathematischen Konzepten auf, die man irgendwo aufgeschnappt, aber nicht ganz verstanden hat. Ein hoher AI-Index wird von Papieren mit einem Höchstmaß an überflüssiger Theorie erreicht.

Der Appel-an-die-Erwartung-Index (AE-Index) Eine Forschergemeinde, welche durch widrige Umstände wie z. B. aufgeflogene falsche Ergebnisse oder Unmöglichkeitsbeweise tief in ihrem Selbstbewusstsein getroffen ist, ist in der Regel sehr gern bereit, politisch willkommene Ergebnisse, seien sie auch noch so falsch, zur Publikation anzunehmen. Auch die gekränkte Forscherseele braucht schließlich Tröstung. Forschungsgebiete, in denen die Kriterien für den Wert eines Ergebnisses eher weich sind, weisen Publikationen mit dem höchsten AE-Index auf.

Der Appell-an-die-Vergesslichkeit-Index (AV-Index) Man verschafft sich halbwegs gründliche Kenntnis von lange bekannten und publizierten Ergebnissen geschätzter Kollegen, wandelt die Probleme durch konsistente Umbenennungen scheinbar in vollkommen neue um und vergibt für die durch dieselbe konsistente Umbenennung erhaltenen Lösungen reihenweise Doktorgrade. Mein Favorit für die führende Position in diesem Index ist ein hochgeschätzter Kollege an einer amerikanischen Eliteuniversität, der Heerscharen von Doktoranden mit Dissertationen in verschiedenen Gebieten der Semantik promovierte. Deren Ergebnisse wurden, mit einem extrem hohen AI-Index befrachtet, bei Konferenzen publiziert, die als ziemlich wenig Semantik-affin bekannt waren.

Der globale-Komplexitäts-Index (GK-Index) Forscher, die typischerweise in den traditionellen bibliometrischen Metriken gut aussehen, isolieren ein Problem erst einmal durch Abstraktion aus seinen verschiedenen Kontexten und lösen es dann kontextunabhängig ein für alle mal. Das führt allerdings zu einer massiven Reduktion der Menge der des Betrachtens werten Probleme und bedroht damit andere Forscher mit schlimmer Problemlosigkeit. Empfohlen wird die folgende Gegenstrategie; man stellt ein an sich überschaubares und bereits lange gelöstes Problem in einen so großen Kontext, dass auch der kompetenteste Leser ein ihm vollkommen neues und ungeheuer schwieriges Problem darin zu sehen glaubt, dessen Lösung dringend einer Belohnung bedarf.

Die Koexistenz verschiedener Metriken eröffnet vollkommen neue Möglichkeiten sie zu kombinieren. Z. B. könnte man aus der Kombination eines hohen H-Indexes mit einem hohen AE-Index einen AK-Index (Arschkriecher-Index) machen.

Ein wohltuender Seiteneffekt meiner Glossen im Informatik-Spektrum ist ein ungeheurer Anstieg meiner Wertungen in fast allen der oben vorgeschlagenen Indizes.

Glosse 4.0

Liebe Leser meiner bisher leider meist reichlich unin-
spirierten und mit quälerischer Mühe erstellten Texte,
erwarten Sie in Zukunft einen Quantensprung in der
Effektivität meiner Glossenproduktion und in der
Qualität der Ergebnisse! In jeder Ausgabe des Informatik Spektrums wird es in Zukunft mehrere Glossen von weit höherer Qualität geben. Da sie in flexibler,
selbstoptimierender Weise interagieren und kommuni-
zieren werden, könnte man dann sogar von einem *Internet der Glossen* reden. Die NSA-Glosse wird sich auf die
Datenschutz-Glosse beziehen, diese wiederum auf die
Netzpolitik-Glosse, welche sich wiederum auf die Pira-
ten-Glosse bezöge. Letztere würde sich gleich mehrfach
auf die NSA-Glosse beziehen.

Worauf basiert die hiermit angekündigte 4. literarische
Revolution? Ich habe entdeckt, dass in der intelligenten

Originalversion erschienen in Informatik Spektrum 39 (5) 2016

Vernetzung meiner Produktionsmittel – durchaus in Analogie zur Industrie 4.0 – ein bisher nicht annähernd ausgeschöpftes Potenzial liegt. Allerdings klingt diese Hoffnung reichlich verwegen. Denn amerikanische Forscher haben herausgefunden, dass die Wirtschaft in der 4. industriellen Revolution, also seit der Einführung von IT nur noch minimale Produktionsfortschritte bzw. derzeit sogar einen Rückgang der Produktivität verzeichnet. Das ist das sogenannte Solow-Paradoxon, dass man nämlich das Computer-Zeitalter überall sieht außer in der Produktivitätsstatistik.

Die Gründe wurden schon erforscht. Ergebnis: Die mit großen Erwartungen eingeführten neuen Kommunikationsmöglichkeiten kosten mehr Zeit als sie einsparen. Die Vernetzung von Geräten trägt eventuell mehr zur Produktivitätssteigerung bei als die Vernetzung von Menschen. Es gibt sicher noch weitere Gründe. Die IT-Produktionsmittel sind so universell, dass sie außer der Arbeit auch noch das Spielen unterstützen. Damit ermöglichen sie einen ungeheuren Zuwachs an Zufriedenheit am Arbeitsplatz. Arbeitnehmer gehen nach mehreren gewonnen Runden von Internetspielen glücklich in den Feierabend.

Auch als nicht Internetspielsüchtiger muss ich einen Rückgang meiner Produktivität beim Übergang vom Bleistift zur rechnergestützten Textverarbeitung erkennen. Allein der Kampf mit der Rechtschreibhilfe kostet etliche Energie, besonders, wenn die Rechtschreibhilfe und ich nicht derselben Meinung darüber sind, in welcher Sprache ich gerade schreibe. Meinem Bleistift war es ziemlich egal, in welcher Sprache die Sottisen formuliert waren, die er zu Papier brachte, solange sie nur saftig genug waren.

Die Rechtschreibhilfe kostet mich zusätzlich einen Riesenaufwand bei der Besänftigung der Adressaten meiner Emails. Entweder wurde ihr Name, z. B. Ersch, falsch zu einer Peinlichkeit korrigiert, oder sie bekamen ein falsch vervollständigtes Betreff, z. B. „Knödel" statt „Knöpfe", oder der Inhalt wurde durch ein paar sinnentstellende, automatisch korrigierte oder vervollständigte Formulierungen unverständlich gemacht.

Aber wie oben angekündigt, die Vernetzung meiner Produktionsmittel wird alles ändern! Eine neu hergestellte Verbindung zwischen den Produktionsmitteln Hirn, Hand und Auge erbringt erstaunliche Ergebnisse. Ein Beispiel: Das Produktionsmittel Hirn schickt nacheinander Befehle an das Produktionsmittel Hand, die Buchstaben ‚I‘, ‚n‘, ‚f‘ einzutippen, die Rechtschreibschilfe schlägt vor, den entstehenden Text zu „Und" zu modifizieren, das Produktionsmittel Auge nimmt entsetzt war, dass dies nicht intendiert ist, fährt mit Eintippen von ‚o‘, ‚r‘ fort und bekommt den populärsten Vorschlag „Indie". Erst nach dem Eingeben von ‚m‘, ‚a‘, ‚t‘, ‚i‘, ‚k‘ schnallt die Rechtschreibhilfe, dass ich auf den *Informatiker von geringem Verstande* ziele, und schon steht der Beginn einer revolutionär erstellten Glosse.

Das WissPersPlan-Problem

Scheduling, dt. Ablaufplanung, ist eine sehr produktive wissenschaftliche Disziplin. Es gibt sehr dicke Monographien, eigene Konferenzserien mit Unmengen aufregender Resultate, dabei vor Allem unangenehme Ergebnisse über die hohe Komplexität fast jeder praktisch relevanten Fragestellung. An Problemen gibt es so viele, dass einige kalifornische Kollegen einst den ganzen Zoo an Problemstellungen durch die Identifizierung von etwa 17 verschiedenen Parametern vollständig charakterisierten.

Damit konnten sie die erste Phase jeder forscherischer Bemühung, dem Identifizieren einer neuen Fragestellung, enorm erleichtern: Einfach den Wert eines numerischen Parameters in einem bisher mangels Relevanz nicht betrachteten Bereich wählen oder eine Boolesche Bedingung, die eine gewisse Realitätsnähe sichern sollte,

Originalversion erschienen in Informatik Spektrum 39 (6) 2016

© Springer Fachmedien Wiesbaden GmbH, ein Teil von Springer Nature 2020
R. Wilhelm, *Einsichten eines Informatikers von geringem Verstande,*
https://doi.org/10.1007/978-3-658-28386-5_21

negieren. Schon hat man ein neues Scheduling-Problem, das des Schweißes eines edlen Forschers würdig ist.

Zur weiteren Popularität des Scheduling als Forschungsgebiet trägt bei, dass Scheduling-Probleme auch in der Realität auftreten. Das allein würde für viele Forscher allerdings nicht ausreichen. Aber netterweise tritt häufig ein abstrakt formuliertes Scheduling-Problem in verschiedenen Anwendungsbereichen in unterschiedlicher Verkleidung auf, was es tapferen Forschern erlaubt, es gleich mehrfach zu lösen. Abstrakt gesehen charakterisiert man Scheduling-Probleme gern, indem man von *Jobs,* also zu erledigenden Aufgaben, *Abhängigkeiten* zwischen ihnen, *Ressourcen,* die zur Lösung der Aufgaben zur Verfügung stehen, und *Optimalitätskriterien* spricht. Diese Parameter haben, wie gesagt, meist eine große Anzahl von möglichen Werten.

Der Einsatz wissenschaftlichen Personals ist sicherlich auch ein Scheduling-Problem. Jobs sind hier Forschungsprobleme, die man gern gelöst sähe. Ressourcen sind die wissenschaftlichen Mitarbeiter, Doktoranden und technisches Personal, manchmal sogar der Chef selbst. Diese verschiedenen Ressourcen haben jeweils unterschiedliche Fähigkeiten, gewisse Aspekte der avisierten Probleme zu bearbeiten. Viele Chefs zum Beispiel haben auch nach dem Übergang in administrative oder wissenschaftspolitische Tätigkeiten noch die Fähigkeit behalten, ihre Namen auf die Publikationen ihrer Mitarbeiter zu schreiben.

Nun gibt es gewisse Lehrstühle von einer enormen Größe, sodass sich die Frage stellt, sind nicht ihre planerischen Bemühungen allein wegen der oben erwähnten Komplexität des betreffenden Scheduling-Problems fast zwangsläufig zum Scheitern verurteilt?

Das wäre allein schon schlimm genug. Aber jetzt kommt eine Zunft ins Spiel, deren Bestrebungen, unser Leben angenehmer zu gestalten, wir nicht genug

Anerkennung zollen können, nämlich die Juristen. Das kürzlich in Kraft getretene Wissenschaftszeitvertragsgesetz, abgekürzt WissZeitVG, beeinflusst nämlich die Scheduling-Probleme des Leiters einer Forschungsgruppe aufs Feinste. Es basiert auf einer *Synchronitätsannahme,* nämlich, dass Kandidaten für eine wissenschaftliche Tätigkeit **und** die finanziellen Mittel dafür immer synchron verfügbar seien. Die Scheduling-Kollegen würden das als event-driven klassifizieren. Es gäbe zwei Events, die Finanzierung für ein Projekt kommt, und ein zweites Event, die notwendigen Projektmitarbeiter werden verfügbar. In der Realität ist eine gewisse Disharmonie zu verzeichnen, denn diese beiden Events passieren selten zum gleichen Zeitpunkt. Entweder kommt das Geld, und es fehlt der Mitarbeiter, oder ein Mitarbeiter steht vor der Tür, aber es gibt keine Finanzierung. Ich lasse jetzt mal die paar Kollegen außen vor, die von gewissen Drittmittelgebern so mit Geld zugeschüttet werden, dass zumindest der zweite Fall nie auftritt. Die Probleme dieser Kollegen sind „something completely different", wie Monty Python sagen würde.

Warum ist die oben benannte Synchronitätsannahme so selten erfüllt? Manchmal erzwingen Regeln oder Projektkonsortien den Starttermin eines Projekts, ohne dass Personal zur Verfügung steht, manchmal legen potenzielle Mitarbeiter ihr Examen zur Unzeit ab oder wollen zu einem Zeitpunkt von außen zu der Truppe stoßen, zu dem über laufende Projektanträge noch nicht entschieden ist.

Da ein engagierter Projektbetreiber sich davon nicht abschrecken lässt, sucht er nach Ersatzlösungen. Es ist ja nicht so, dass Professoren oder sonstige Projektleiter immer ohne Mittel dastünden. Nur sind diese Mittel oft festen Zwecken gewidmet, ohrmarkiert, wie die Amerikaner in ihrer Cowboy-Tradition es nennen. Dann könnte man den potenziellen Projektmitarbeiter zwar einstellen, müsste ihm allerdings diese Widmung in seinen Arbeits-

vertrag reinschreiben. Das gibt dann beim „Umtopfen"
auf die eigentlich vorgesehene Stelle mit einer neuen,
anderen Widmung ein Problem.

Jetzt kommt auch das WissZeitVG ins Spiel, indem es
Mindestvertragslaufzeiten vorschreibt. Entweder gibt es
ein augenzwinkerndes Einverständnis zwischen Einsteller
und Mitarbeiter, dass das nicht wirklich so gemeint ist,
oder es gibt ein Problem.

Gott sei Dank hat der Gesetzgeber beschlossen, dass
seine Kreation für Hochschulen und wissenschaftliche
Einrichtungen nur einen geringen Erfüllungsaufwand
verursacht. Er steht dabei in einer guten Tradition auf-
wandsfreier früherer Kreationen. Befristungen der Laufzeit
brauchen jetzt eine gesetzeskonforme Begründung. Flugs
haben die betroffenen Verwaltungen Wissenschaftszeit-
vertragsgesetzbefristungsbegründungsformulare   kreiert,
die vor der Einstellung auszufüllen sind. Verwaltungs-
mitarbeiter beurteilen jetzt, ob die von einem Einsteller
angegebene Begründung gesetzeskonform ist. Der kritische Punkt ist das Qualifizierungsziel. Muss ein Zeitraum überbrückt werden, bis eine Finanzierung steht, so
muss für den entsprechenden Zeitraum ein akzeptables
Qualifizierungsziel gefunden, besser erfunden werden.
„Ausbildung zum geduldigen Warter auf kommende
Finanzierung" geht garantiert nicht durch. Besser ist
schon „Ausbildung zum Planer von drittmittelfinanzierten
Forschungsprojekten". Wahrscheinlich wird bald das
Berufsbild des „Qualifizierungszielerfinders" geschaffen
und durch passende Studiengänge abgedeckt werden.

Ähnlich sieht es aus, wenn ein Doktorand nicht gleich
für die Mindestzeit von 3 Jahren eingestellt werden soll,
sondern sozusagen „auf Probe". Man weiß ja oft nicht,
ob ein potenzieller Doktorand wirklich zur Promotion
geeignet ist. Da bleibt wieder nur der Gang zum Quali-
fizierungszielerfinder.

Und über Allem schwebt noch das Damoklesschwert der drohenden Verdauerung! Die Arbeitsgerichte haben gemäß ihrem weisen Verständnis des Hochschulwesens Recht gesetzt, welches formal unkorrektes Einstellen mit Verdauerung des Eingestellten bestraft bzw. belohnt, je nachdem, wie von welcher Seite man das sieht.

Dieser Fall – eine Ressource ist für eine quasi unbegrenzte Zeit belegt – ist von unseren ausgewiesenen Scheduling-Forschern wenig betrachtet worden. Das ist klar, weil es ein gestelltes Problem zu sehr vereinfacht. Für den Ressourcenbesitzer aber kann die Verdauerung eines Mitarbeiters sehr schmerzlich sein. Deshalb werden wir auch in Zukunft große Anstrengungen der Juristen in unseren Verwaltungen beobachten können, die Vorgaben ihrer Kollegen an den Arbeitsgerichten umzusetzen.

Künstliche Begeisterung und abgrundtiefes Lernen

Lange Zeit hegte ich Zweifel an den vergangenen Errungenschaften und zukünftigen Möglichkeiten der Künstlichen Intelligenz. Aber dann eroberten sie erst mithilfe der Rechnerarchitekten die Dominanz im Schachspiel und inzwischen lernenderweise auch die Dominanz im Go-Spiel. Überhaupt, seit die KI-Forscher beim Lernen immer tiefer sinken, sind Erfolge nicht mehr zu übersehen. Bald sollen ja sogar Autos mithilfe von KI-Methoden gescheit fahren lernen, was mancher Mensch sein Leben lang nicht schafft. Ganz überzeugt vom Durchbruch der KI hat mich erst der Artikel „Content analysis of 150 years of British periodicals", erschienen im November 2016 in PNAS, nicht zu verwechseln mit PEANUTS.

Die dort vorgestellte Datenanalyse erfasste etwa 36 Mio. Zeitungsartikel, die in Großbritannien zwischen

Originalversion erschienen in Informatik Spektrum 40 (2) 2017

© Springer Fachmedien Wiesbaden GmbH, ein Teil von Springer Nature 2020
R. Wilhelm, *Einsichten eines Informatikers von geringem Verstande*,
https://doi.org/10.1007/978-3-658-28386-5_22

1800 und 1950 erschienen sind. Die schiere Menge ist schon mal eine Leistung.

Ziel der automatischen Datenanalyse, war es „to detect macroscopic and long-term cultural trends". Dazu haben die wackeren Forscher das KI-Programm doch tatsächlich dazu gebracht, Häufigkeiten von 1-grams, also einzelnen Wörtern, und sogar von Folgen von mehreren Wörtern, n-grams für n > 1, zu bestimmen! Wahnsinn! Manchmal gelingt es ihnen sogar, zwei berechnete Häufigkeiten von Wortvorkommen zu vergleichen, und das sogar über die Zeit! Zum Beispiel bei der Frage, ab wann Fußball in den britischen Zeitungen häufiger erwähnt wurde als Kricket. Da gelang es ihnen, die Verläufe der Häufigkeiten, mit denen die Worte „Fußball" bzw. „Kricket" auftraten, über die erwähnte Zeit zu vergleichen und festzustellen, wann „Fußball" „Kricket" überholte. Wahnsinn! Übrigens bereitete dieser kulturelle Fortschritt die Wege für eine spätere, temporäre Zugehörigkeit zur europäischen Gemeinschaft.

Ein weiteres temporäres Phänomen, dem die KI-Forscher auf die Spur kamen, ist das Suffragetten-Wesen. Es dauerte nach ihren Erkenntnissen von 1906–1918. Auch beachtlich! „Suffragette" kommt in den Zeitungen nicht mehr vor, Peng! Ende des Suffragettenwesens. Wer hätte das gedacht! Die Autoren vermuten, dass mit dem Erreichen des Frauenstimmrechts das Interesse erlahmte.

Weitere Analysen von Vorkommen über die Zeit ergeben, dass Elektrizität den Dampf am Ende des 19. Jahrhunderts aus den Zeitungen verdrängte und kurze Zeit später die Eisenbahn den Pferdewagen. Das mag sich ja so mancher schon gedacht haben. Aber jetzt hat es die KI endlich schwarz auf weiß bestätigt.

Eine große Leistung ist es, aus dem Vorkommen gewisser n-grams auf den Ablauf von damit verbundenen Ereignissen zu schließen. Zum Beispiel analysierte man die

Häufigkeit des Auftretens von Feindesnamen, um festzustellen, wann die Briten in Kriege involviert waren. Dies wäre bei einer analogen Untersuchung der deutschen Presse leichter gewesen. Mit dem Auftreten von „Erzfeind" hätte man schon die halbe Miete im Keller gehabt. Die Briten machen es der Analyse viel schwerer, weil sie weniger wählerisch in der Wahl ihrer Gegner waren. Natürlich tauchen Napoleon, Kaiser Wilhelm II und Hitler auf, aber auch so mancher deutsche Stamm, sogar die friedliebenden Westfalen, indische Stämme und ceylonesische Fürsten, Tibeter in Sikkim, ein Maori-Häuptling, ein paar Buren, Chinesen, Vietnamesen sowie Burmesen, Afghanen, Perser, Iraker, Osmanen, Amerikaner, protestantische oder katholische Iren, Holländer, Dänen, Norweger, Österreicher, Russen, Spanier, Portugiesen, immer mal wieder Franzosen, aber auch Uruguayer, so manches afrikanische Volk, Ägypter, Äthiopier, tunesische Seeräuber, sudanesische Derwische, schlecht bezahlte Söldner oder Sklaven in Britisch befreiten Zonen der Welt. Andererseits soll die Analyse ja nur feststellen, ob und nicht welcher Krieg herrscht. Da muss man der gerechterweise der menschlichen Intelligenz attestieren, dass sie angesichts der etwa 100 teilweise lang andauernden Kriegen mit britischer Beteiligung in diesem Zeitraum statistisch leicht festgestellt hätte, dass Krieg herrschte.

Was mich überrascht ist das Ersetzen von „English" durch „British" am Ende des 19. Jahrhunderts. Die Einwohner des Vereinigten Königreiches fühlten sich ab dann weniger als Engländer denn als Briten. Es wird zukünftigen Untersuchungen vorbehalten sein, zu untersuchen, wann der Term „Großbritannien" durch den Term „Kleinbritannien" ersetzt werden wird.

Manch Zweifler mag zu recht einwenden, dass das alles Syntax und damit trivial wäre. Aber die Forscher lösen mittels raffinierter Methoden die Probleme, dass manche

Entitäten durch verschiedene Wörter oder Folgen von Wörtern bezeichnet werden. Sie brauchen nur noch in offen zugänglichen Wissensbanken wie Yago oder DBpedia nachschlagen, um alle dort gespeicherte Information über eine Entität herauszufinden, zum Beispiel von welchem Typ die Entität ist und wo sie ihr Unwesen getrieben hat. Eine tiefgreifende, jetzt mögliche Erkenntnis ist, dass Dampf im Zusammenhang mit Hafenstädten mehr erwähnt wurde als im Binnenland, und dass Elektrizität besonders in London, Leeds und dem Südwesten erwähnt wurde, also Gegenden, die dann viel später einmal gegen den Brexit stimmen werden. Anderswo scheint es schon damals eher gedumpft, äh gedampft zu haben.

Für un

s Menschen beruhigend ist die Feststellung der Autoren, „the practice of close reading cannot be replaced by algorithmic means".

Gesund oder ungesund, das ist hier die Frage

Wieder einmal gibt es einen Erfolg der deutschen Informatik zu feiern. Er ist zwar nicht mehr so ganz frisch, aber sehr eindrucksvoll. Wie oft haben wir Klagen der Politik gehört, dass die deutschen Softwareentwickler nicht innovativ genug seien. Mit Ausnahme der SAP kämen deutsche Entwicklungen im internationalen Vergleich nur auf kleine Verkaufszahlen und erzielten nur geringe wirtschaftliche Wirkung. Da hatten und haben sie offensichtlich eine bei Bosch entwickelte Software nicht auf ihrer Rechnung gehabt, die schließlich in Millionenstückzahlen über die Straßen sehr vieler Länder rollt. Man kann ihr sehr große Verbreitung und eine wirtschaftliche Wirkung attestieren, die in Milliarden (Euro, Dollar oder Maultaschen) zu bemessen ist.

Trauriger Weise belegen interne Dokumente, dass weniger die Softwareentwickler als vielmehr die Marketing-

Originalversion erschienen in Informatik Spektrum 41 (1) 2018

abteilungen und das Management diesen Erfolg zu verantworten haben. Einige Entwickler haben sich sogar gegen diese Entwicklung gewehrt. Der Vertrieb versprach Wunder, das Management gab Order an die Entwickler, diese Wunder zu realisieren, aber die Entwickler wussten, dass sie keine Wunder vollbringen konnten und gaben das ihren Chefs deutlich zu verstehen. Der Vertrieb aber stieß alle Warnungen in den Wind.

Jetzt hat allerdings das Verwaltungsgericht Stuttgart festgestellt, dass Stadtbewohner ein Recht auf eine Gesundheit haben, welche nicht mit Autoabgasen und Feinstaub über das gesetzliche Maß hinaus gefährdet wird. Die Abgasmenge ergibt sich in etwa als das Produkt aus Verkehrsaufkommen und individuellem Abgasausstoß. An diesen beiden Parametern könnte man also drehen. Da es unsere fabulöse Autoindustrie durch eine innovative Softwarelösung geschafft hat, den individuellen Abgasausstoß hoch zu halten, hat das Gericht verkündet, dass der erste Parameter, das Verkehrsaufkommen, herunter geregelt werden muss. So weit, so gut, zumindest für den Abgase konsumierenden Stadtbewohner. So weit, so schlecht allerdings für die deutsche Vorzeigeindustrie.

Warum wärme ich diese unappetitlichen Angelegenheiten auf? Man soll ja nicht auf bereits halbtote Wesen eindreschen, die nur durch intensives Dauerhätscheln von unserem Maut- und Dieselminister vor dem drohenden Exitus gerettet wurden. Und wieder wird es Software richten. Versprochen! Immerhin soll sie den Stickoxidausstoß um 25 % reduzieren. Es fragt sich allerdings, worauf sich diese Reduktion bezieht, auf den Grenzwert oder seine Überschreitungen um den Faktor 8 oder gar den Faktor 24. Immerhin zeigt sich in diesem politischen Manöver, dass Software, wenn innovativ genutzt, auch zum Augenwischen dienen kann.

Nach gründlicher Abhandlung der Gesundheitsgefährdung durch Softwaren, der Übersetzung von „gesund" in „sound" und geringfügiger Neuinterpretation als „korrekt" gelingt es mir, den Bogen zu einer weiteren Erfahrung mit unserer Autoindustrie zu schlagen. Formale Methodisten charakterisieren ja ihre Verfahren als korrekt (sound) oder inkorrekt (unsound). Korrekte Methoden sind in der Lage, Garantien für die Abwesenheit von Fehlern einer avisierten Klasse zu geben. Inkorrekte Methoden sind oft durchaus nützlich, können dieses aber nicht. Motorisierte Fahrzeuge enthalten häufig sicherheitskritische Subsysteme mit beträchtlichen Mengen von Software. Als Naivling, der man ist, sieht man einen gewissen Bedarf an solchen Garantien und folglich korrekten Methoden. Aber weit gefehlt! In der Regel bevorzugt die Automobilindustrie inkorrekte Methoden und Werkzeuge. Die bemerkenswerteste Antwort eines für formale Methoden zuständigen bei einem deutschen Autohersteller: „Wenn wir ein Problem haben, werden wir in Betracht ziehen, die Werkzeuge zu kaufen, die dieses Problem verhindert hätten." Diese Aussage kann unmittelbar zu einer für die Autoindustrie gültigen Definition von proaktivem Handeln dienen.

Aber diese Haltung ist leider weit über die Automobilindustrie verbreitet. Die Eisenbahnbranche hat einen neuen Standard für die Softwareentwicklung, EN-50128. Darin wurde in der Version von 2009 für die höchste Kritikalitätsstufe – man lese und staune – abstrakte Interpretation, eine korrekte Verifikationsmethode, stark empfohlen. Allerdings ist diese Empfehlung in der endgültigen Version von 2011 wieder verschwunden. Da geht es den formalen Methoden in Sicherheitsstandards halt genauso wie den Menschen, je älter sie werden, desto mehr leidet die Gesundheit.

Autonomer Optimismus

Wir gehen glorreichen Zeiten entgegen! Vorbei die Zeiten, in denen wir uns unter Aufbietung eigener Kräfte per Fahrrad zum Arbeitsplatz und zurück quälten und dringend anderweitig benötigte Kalorien dafür verbrennen mussten. In naher Zukunft setzen wir uns in unser autonom gesteuertes Gefährt und lassen uns kurz nach dem Start die ersten Akten zur Bearbeitung online einspielen, natürlich nur noch solange wie Künstliche Intelligenz unseren Beruf nicht überflüssig gemacht hat.

Unter uns: Autonomes Fahren macht ja nicht halb so viele Probleme, wie etwa die Einhaltung der Stickoxid- und der Feinstaubgrenzwerte, ein Problem, welches – dies sei nur am Rande bemerkt – ja erst entstanden ist, weil das Top-Management der Autoindustrie nichts davon wusste.

Die Autonomen Auto-Algorithmen (kurz AAA) stehen und die Automobilindustrie erklärt uns, dass alle wesent-

Originalversion erschienen in Informatik Spektrum 41 (2) 2018

lichen Probleme des autonomen Fahrens im Wesentlichen gelöst seien. Unser Mautminister hat die rechtlichen Grundlagen so weit verbessert, dass es die Industrie nicht mehr ganz so hart trifft, falls sich dieser Optimismus als nicht ganz korrekt herausstellen sollte.

An existierenden Fahrerassistenzsystemen kann man studieren, wie toll diese Technologie bereits funktioniert Die eingebauten Bilderkennungssysteme leisten jetzt schon Erstaunliches. Z. B. erkennen sie Fahrräder vor dem Auto und nehmen an, dass diese die Straße queren, blöderweise auch, wenn die Fahrräder hinten auf einem Fahrradträger stehen. Da wird dann schon mal diese oder jene Vollbremsung ausgelöst, frei nach dem Motto: lieber einmal mehr gebremst als einen Radfahrer gemangelt. Die Industrie ist optimistisch. Die Ingeneure arbeiten bereits an einer technischen Lösung. Diese wird Fahrräder auf Trägern im Prüfstand erkennen. Die Autolobbyisten arbeiten mit Ministerien und Abgeordneten an einer politischen Lösung. Die Lösung liegt auf der Hand: zur Sicherung der Arbeitsplätze in der Automobilindustrie werden voraussichtlich solche Querfahrradträger verboten.

Die Bilderkennungssysteme erkennen auch die Alptraumsituation, dass Kinder auf die Straße laufen und lösen auch hier Vollbremsungen aus. Ich kann mich erinnern, was passierte, als in dem Dorf, in dem ich aufwuchs, die erste Fußgängerampel installiert wurde. Es war eine Zeit lang ein heiteres Spiel für uns Kinder, durch Knopfdruck die Ampel für die Autofahrer auf Rot zu schalten und damit eine Schlange von ein bis zwei Autos zu verursachen. In Zukunft werden Kinder und Jugendliche vermutlich gern die Situation „Kind springt auf die Straße" antäuschen, um zu sehen, wer die größte autonome Massenkarambolage verursacht, wenn einige Fahrerassistenzsysteme Vollbremsungen auslösen.

So viel an Lob und Preis für die Leistungsfähigkeit der Bildverarbeitung. Dazu kommen noch die unglaublichen Errungenschaften der Künstlichen Intelligenz neuer Zeitrechnung. Vorbei ist die Zeit der KI-Klassik. Da musste man einem Auto Verhaltensregeln für alles, was ihm so passieren könnte, in der Form symbolischer Regeln manuell beibiegen. Also etwa die Regel: Beim Rechtsabbiegen darfst du keine Radfahrer überfahren. Jetzt wird alles automatisch, d. h. maschinell gelernt! Das geht dann folgendermaßen: Eine Zeit lang biegen Autos nach rechts ab, überfahren dabei Radfahrer, irgendjemand, also Fahrer, Hersteller, Autos oder Mautminister kriegen 2 Jahre auf Bewährung, und, sobald genügend solche Unfälle und Verurteilungen passiert sind, hat das System gelernt, dass man besser beim Rechtsabbiegen keine Radfahrer übermangeln sollte.

Ich war ja eine Zeit lang skeptisch, weil ich annahm, dass jedes Auto individuell lernen wird und davon immer schlauer wird. Dann wären eben Autos auch unterschiedlich intelligent, wie es bei Menschen ja auch der Fall sein soll.

Mein Vater bekam ja noch eine Medaille für 25 Jahre unfallfreies Fahren, im Wesentlichen, weil er so langsam fuhr, dass sich auch Blinde und Lahme, Entschuldigung! visuell und motorische benachteiligte Verkehrsteilnehmer rechtzeitig vor ihm retten konnten. In Zukunft wird man wohl Maschinenaufkleber für 25 Jahre unfallfreies zertifiziertes Lernen bekommen.

Inzwischen habe ich aber verstanden, dass nicht individuell, sondern beim Autohersteller gelernt wird. Das Gelernte wird dann eingefroren und mit den autonomen Autos mitverkauft. Das kann man sich so vorstellen, dass der Daimler seine Versuchsfahrer losschickt und 1 Mio. km fahren lässt. Deren kondensierte Lernmasse wird dann dem Otto Normalfahrer mit seinem neuen autonomen Auto übergeben. Jetzt stelle ich mir meinen Vater in einem solchen autonom Fahrzeug vor, welches von Daimler-Versuchsfahrern belernt wurde. Da möchte ich aufgrund der doch signifikant unterschiedlichen Fahrstile dem Daimler dringend empfehlen, diesen Wagen mit Übelkeitssensoren, blitzschnell zu öffnenden Fenstern und einem großen Vorrat an, na, wie heißen diese Tüten noch mal, auszustatten.

Vielleicht werden die Autohersteller aber auch neue Typvarianten anbieten, *von Formel-1-Fahrern gelernt* – diese Wagen würden dann mit Rallye-Streifen dekoriert -, *von Daimler-Versuchsfahrern gelernt* – dezente angedeutete Spoiler -, *von Blondie gelernt,* – Lackfarbe blond, lange Wimpern über hellblau strahlenden Scheinwerfern – bis zur konservativsten Variante, *von den Fahrern von Leichenwagen mit Untersetzungsgetrieben gelernt* – Hut und Hosenträger für den Fahrer und bestrickte Toilettenpapierrolle als kostenloses Zubehör. Bei den ersten beiden Kategorien wären im Kaufpreis die Kosten der ersten 50 Strafmandate inbegriffen. Sie gingen auf Kosten des Herstellers.

Also, wie gesagt, paradiesische Zeiten kommen auf uns zu!

Die Individualisierung des Nutzens

Wir alle haben in den vergangenen Monaten schmerzlich erfahren, welche Mühsal und Pein der Vollzug der
EU-Datenschutzverordnung über uns gebracht hat.
Unerwartet viele Organisationen und Unternehmen haben
sich fürsorglich bei uns gemeldet und uns mitgeteilt, dass
sie wie schon bisher gern weiterhin, ausschließlich zu
unserem Besten, unsere Daten erfassen und nutzen möchten.

Google etwa gibt uns zu verstehen, dass es unsere Daten
verarbeitet, um uns nützlichere und personalisierte Inhalte
bereitzustellen, um die Qualität seiner Dienste zu verbessern und neue Dienste zu entwickeln, Werbung auf
der Grundlage unserer Interessen einzublenden und die
Sicherheit und den Schutz vor Betrug und Missbrauch zu
verbessern. Das ist doch alles mehr als reizend von Google! Man stelle sich vor, Google müsste Abstand davon

---

Originalversion erschienen in Informatik Spektrum 41 (6) 2018

R. Wilhelm, *Einsichten eines Informatikers von geringem Verstande*,
https://doi.org/10.1007/978-3-658-28386-5_25

nehmen, uns mit Werbung zu beglücken! Da würden wir doch glatt den Entzug kriegen. Oder uns, weil es unsere Vorlieben nicht intensiv genug erforscht hat, ungezielt mit Werbung voll müllen! Unvorstellbar! Der reine Horror![1] Wir würden wahrscheinlich auf der Stelle werbeblind oder werbeallergisch werden und könnten gar nicht mehr von Werbung profitieren. Da loben wir uns doch die dezente, mengenmäßig überschaubare und vor allen Dingen personalisierte Werbung. Personalisierte Werbung ist doch wie personalisierte Medizin, auf das Individuum zugeschnitten. Hilft einfach viel besser! Auf die Idee, dass wir eventuell gar keine Werbung sehen möchten, ist bei Google sicher noch keiner gekommen.

Eine interessante Erfahrung machte der Autor, als er vor einiger Zeit eine norddeutsche Weltstadt besuchte und die App der lokalen kommunalen Verkehrsbetriebe auf seinem Klugfon installierte. Die App legte einen fulminanten personalisierten Start hin, indem sie ihm bei den ersten Anfragen alle Orte anbot, welche er beim letzten vorangegangenen Besuch der gleichen Stadt besucht hatte.

Die Fluglinien benutzen derzeit schon erfolgreich Algorithmen, um die Ticketpreise personalisiert zu gestalten. Hat sich ein Kunde beim Portal einer Fluglinie nach Verbindungen erkundigt, aber keine Verbindung gebucht, so bekommt er beim nächsten Besuch des Portals wegen seines früher dokumentierten Interesses einen auf ihn zugeschnittenen Ticketpreis angeboten. Ist doch toll! Na ja, er ist schon ein bisschen höher.

---

[1]Passiert dem Autor übrigens, seit er einigen Apps auf komplizierten Wegen beigebracht hat, dass seine Daten nicht durch sie verarbeitet werden dürfen. Jetzt bekommt er nur noch Werbung für jugendliche, weibliche Mode, obwohl doch die Sender, besser als der Autor selbst, wissen, dass er weder weiblich noch jugendlich ist.

In anderen Bereichen ist die Individualisierung leider noch nicht so weit fortgeschritten, wie es der Einsatz von Rechnern ermöglichen würde. Die Tankstellenpreise richten sich bei ihrer Veränderung über den Tag hinweg im Wesentlichen danach, ob der treibstoffhungrige Teil der Bevölkerung gerade arbeitet und deshalb gerade nicht tanken kann oder auf dem Wege von der Arbeit nach Hause ist und dabei an Tankstellen vorbei kommt. Der Google-Algorithmus zur Entdeckung von Staus, der die massenhafte Ansammlung von Handys auf Straßen beobachtet, könnte doch auch benutzt werden, den Andrang an oder den Zustrom auf eine Tankstelle feststellen, um daraufhin die Kraftstoffpreise zu erhöhen. Allerdings wäre das immer noch nicht wirklich individuell. Dieses Ziel wäre erst erreicht, wenn der Autobesitzer, angelockt durch einen günstigen Treibstoffpreis, auf eine Tankstelle zusteuert, sein Näherkommen durch Sensoren, Kameras oder ähnliches entdeckt würde und eine Software daraufhin den Treibstoffpreis ganz individuell für diesen Kunden erhöhen würde.

Wir gehen wahrlich paradiesischen, personalisierten Zeiten entgegen!

Der rollende Fortschritt

Der Fortschritt durch Rechnereinsatz ist ja leider an
der fahrradfahrenden Bevölkerung weitgehend vorbei
gegangen. Die automatische Gangschaltung von Shi-
mano wurde, zumindest hierzulande, kein großer Erfolg.
Das Navi eines führenden Herstellers von eBike-An-
trieben zum Beispiel kennt das Konzept *Steigung* nicht,
welches sich, nachdem es ein aufmerksamer, intelligen-
ter Radfahrer erst einmal entdeckt hatte, wie ein Lauf-
feuer unter der radelnden Menschheit herum gesprochen
hat. In Unkenntnis dieses Konzepts optimiert das Navi
nur die Streckenlänge, was zu sehr unangenehmen Über-
raschungen führen kann.

In einem Punkte allerdings hat der rechnergestützte
Fortschritt das Leben des Radtourenfahrers enorm viel
angenehmer gemacht. Bei früheren langen Radtouren
waren Bücher der schwerste Teil des Reisegepäcks. Als

Originalversion erschienen in Informatik Spektrum 42 (1) 2019

© Springer Fachmedien Wiesbaden GmbH, ein Teil von Springer
Nature 2020
R. Wilhelm, *Einsichten eines Informatikers von geringem Verstande*,
https://doi.org/10.1007/978-3-658-28386-5_26

der Autor mit seiner Frau vor vielen Jahren eine Radtour quer durch die drei baltischen Staaten machte, musste er noch bei einem früheren Studenten in Riga einen Bücheraustausch organisieren, weil die Bücherlast für die gesamte Tour einfach zu groß gewesen wäre. Dieser Student bekam also ein Paket mit Büchern für den zweiten Teil der Tour per Post geschickt und die Bücher des ersten Teils geschenkt. Dank eBooks ist das heute gar kein Problem mehr! Welche immense Gewichtsersparnis dank des technischen Fortschritts!

Stattdessen hat man jetzt eine Packtasche voller Ladegeräte dabei, das schwerste für die eBike-Akkus, eins für die Digitalkamera, eins für Tablett Mann, eins – weil anderer Hersteller – für Tablett Frau, eins für eReader, eins für Klugfon alt und eins für Klugfon neu. Alle zusammen geringfügig schwerer als ein paar gehaltvolle Bücher.

Im goldenen Zeitalter der Kommunikation

Der Fortschritt in den IuK- und besonders den K-Techno-logien – *Magenta verbindet Euch alle; Was uns verbindet; Das Leben schenkt uns mehr, wenn wir teilen; Erleben, was uns verbindet* – hat unsere kommunikative Situation enorm verbessert. Unsere Provider beglücken uns alle Nase lang mit immer größeren Bandbreiten und jeweils neuen Verträgen mit zweijähriger Mindestlaufzeit, kosten-lose Hotspots ermöglichen uns den jederzeitigen Abruf unserer E-Mail-Nachrichten und das Abonnement von äußerst ergiebigen Spam-Quellen. Kriminelle appellieren an sympathische menschliche Schwächen mit immer aus-gefeilteren Betrugsmaschen, „Bin gerade im Ausland und kann eine dringende Überweisung von dort aus nicht täti-gen. Bitte sei so hilfsbereit und leg mir das Geld vor. Denn schließlich sind wir doch beide in dem Herausgeber-gremium des *X Spektrums.*"

Originalversion erschienen in Informatik Spektrum 42 (2) 2019

In welch kommunikativ behinderter Situation musste der Autor vor vielen Jahren noch ein Vertretungssemester lang im Kurswagen von München nach Trier sitzen – für die jüngeren Leser, ein Kurswagen nach A hing hinten an einem Zug mit Zielort B und wurde bei einem Zwischenhalt in Bahnhof C an einen Zug nach A umgehängt – sich also in Richtung Trier bewegen, aber in Saarbrücken aussteigen. Er war dabei gezwungen, sich von tief an Wunder und eine fettreiche und kohlehydratreiche Ernährung glaubenden Pilgerinnen über den Heiligen Rock in Trier aufklären zu lassen, dabei wegen wiederholten Klagens, „Oh, Else, dieser Tritt!" über den Urheber, den Grund und das Ziel des beklagten Tritts zu grübeln, bis eine weitere Klage, „Die hätten diesen Tritt doch nicht so hoch anbringen müssen.", klar machte, das der Tritt nicht ausgeführt, sondern bestiegen worden war, weiterhin dazu verurteilt, in einen italienischen Familienverband integriert und mit einem von dessen vielen Koffern auf dem Schoß über alle einschlägigen Familienverhältnisse aufgeklärt und mit köstlichen Mitbringseln verwöhnt zu werden, oder er war eingeladen, über mehrere Stunden neiderfüllt sämtliche Abenteuer einer bildhübschen jungen Schwäbin auf einjährige Reise per Autostopp von Schwaben nach Australien erzählt zu bekommen – für die jüngeren Leser, beim Autostopp erbat man durch ein Haltesignal mit erhobenem Daumen die Mitnahme in einem fremden Straßenfahrzeug an einer geeigneten, oft leider auch ungeeigneten Straßenstelle. Oder er saß an einem normalen – so glaubte er zumindest – Samstagnachmittag in einem Interregio von Münster durch das Ruhrgebiet nach Saarbrücken – für die jüngeren Leser, Interregios waren Züge, welche große Strecken in Deutschland zurücklegten, weitgehend pünktlich waren und keinen Zuschlag kosteten, bis sie in Intercity umbenannt und zuschlagspflichtig wurden und beliebig lange Verspätungen aufbauten, er saß

also an einem Samstagnachmittag in einem solchen Interregio und wunderte sich über dessen unkommunikative
Leere, bis er nach einer Komplettfüllung des Zuges in
Dortmund von dort bis zur Ankunft auf einem Polizisten-
und Schäferhund-besetzten Bahnsteig in Gelsenkirchen in
intensive Kommunikation mit Fußballfans eingebunden
und über alle spannenden Prügeleien zwischen Mit-
gliedern rivalisierender Fanclubs der vorangegangenen
Wochenenden unterrichtet wurde.

Am Zielort angekommen suchte er meist zuerst eine
Telefonzelle auf – für die jüngeren Leser, das waren gelb
gerahmte Glaskästen mit einem Festnetztelefon der Deutschen Post, mit einem einzigen dort ausliegenden ebenso
spannenden wie voluminösen Buch, statt wie heute ganzen Bibliotheken, und schließlich einem leichten, aber
durchdringenden Uringeruch –, um seiner Ehefrau die
pünktliche Ankunft zu melden.

Heutzutage sitzen mehrere Personen, mit der ganzen Welt in einen zugegebenermaßen etwas stotternden
Kommunikationszusammenhang gebracht, in einem Zug-
abteil, ein Jugendlicher, der einer interessierten Öffentlichkeit zwitschert, dass der Zug gerade auf offener Strecke
hält und dadurch seine Verspätung von 17 auf 18 min
erhöht hat, ein Herr in einem Anzug in gedeckten Far-
ben und farblich abgestimmtem Hemd und Krawatte, der
äußerst zähe, aber durchaus aufschlussreiche und am Ende
erfolgreiche telefonische Verhandlungen über eine Liefe-
rung von Toilettenpapier – „Dreilagig, bitte notieren Sie
das!" – führt, eine Dame, die nach dem Abruf ihrer neuen
email-Nachrichten auf ihr Klugfon die restliche Fahrzeit
leicht, aber vernehmlich fluchend mit dem Löschen von
Spam-Nachrichten verbringt, und schließlich einer, der
auf seinem Schoßrechner eine Glosse für das Informatik-Spektrum schreibt und insgeheim auf eine Kommunikation mit seinen Lesern hofft.

Letzte Rätsel

Der Mensch braucht offensichtlich Geheimnisse und
Rätsel für sein seelisches Wohlbefinden. Wie wäre es
sonst zu erklären, dass er gern darüber rätselt, was denn,
außer ihm selbst natürlich, den Klimawandel verursacht,
oder warum Wasser, verdünnt mit etwas Alkohol neben-
wirkungsfrei auch allergrößte Leiden heilen kann. Leider
haben die Naturwissenschaften inzwischen die meisten
Rätsel gelöst und damit den Menschen in eine unwirt-
liche, fast aller Geheimnisse entkleidete Welt geworfen.
Aber halt! Wir sollten nicht übersehen, dass die Ingenieur-
wissenschaften und da besonders die Informatik für Aus-
gleich sorgen. Immer wieder bringen sie den Menschen
in der Konfrontation mit einem technischen System ins
Grübeln. Er möchte halt verstehen, weshalb das System
so überraschend reagiert. Insbesondere Informatiksysteme
ziehen in immer mehr Bereiche unseres Lebens ein und

Originalversion erschienen in Informatik Spektrum 42 (4) 2019

R. Wilhelm, *Einsichten eines Informatikers von geringem Verstande*,
https://doi.org/10.1007/978-3-658-28386-5_28

lösen dort oft Probleme, die wir vorher gar nicht hatten, und stellen den Menschen oft vor große Rätsel.

Zum Beispiel fragte ich mich vor einiger Zeit, als ich im benachbarten Ausland in einem anspruchsvollen Hotel an einem Workshop teilnahm, warum ich bei jedem Betreten der Toilette mit dem Spülen sämtlicher Urinale begrüßt wurde. Wenn es als Begrüßung gedacht war, dann hätte ich Musik, z. B. Händels Wassermusik vorgezogen. Vielleicht, dachte ich, ist diese Gesamtspülung aber als ein demonstratives Großreinemachen vorgesehen. Lange nachdem ich wieder meinen Workshop aufgesucht hatte, kam mir dann die Erleuchtung: Als erstes waren ja beim Betreten der Toilette, offensichtlich sensorgesteuert, alle Lichter angegangen. Diese wiederum hatten bei den Urinalen mit lichtsensitivem Spülauslösemechanismus das Spülen verursacht. Einfach nur eine nicht vorgesehene Koppelung zweier Steuerungen und kein zusätzlicher Service am Kunden!

Neulich brachte mich der Ausfall des Rücklichts an meinem veganen Fahrrad zum Grübeln. In den guten alten Zeiten funktionierten Fahrradbeleuchtungen ja so gut wie nie problemlos: Abgerutschte oder durchgerissene Kabel, kaputte Birnchen, zu viel oder zu wenig Massekontakt und schließlich der bei nassem Wetter durchrutschende Felgendynamo. Alles Geschichte! Heute spendet ein unmerklich mitlaufender Nabendynamo so viel Energie, dass man noch sein Handy und die eventuell mitgeführten Tabletten aufladen kann. Gut sitzende Steckverbindungen halten ewig, und die Kabel verlaufen gesichert von vorne nach hinten im Rahmen.

Aber offensichtlich ist der Radler immer noch nicht vollständig vor Problemen geschützt. Vor einiger Zeit geschah mir also Folgendes: Wenn ich im Dunkeln mit meiner HighTech-Beleuchtung losfuhr, ging der Scheinwerfer sofort an, das Rücklicht aber erst nach etwa einem

Kilometer. Ich war alarmiert von dieser Fehlfunktion meiner Fahrradbeleuchtung. Die Musterung von Steckern an Scheinwerfer und Rücklicht ergab keine offensichtlichen Mängel. Die Eintritts- und Austrittspunkte des Kabels in den und aus dem Rahmen, immer kritische Punkte, wiesen keine Beschädigungen auf. Es musste also etwas Komplizierteres sein.

Ich wusste, dass sowohl Scheinwerfer wie Rücklicht einen Kondensator für die Beleuchtung im Stand enthalten. Ein Kondensator braucht natürlich etwas Zeit zum Aufladen, aber doch nicht einen Kilometer lang! Und weshalb ging der Scheinwerfer sofort an, das Rücklicht aber erst später. Ich vermutete stark, dass im Scheinwerfer eine Rechnersteuerung verbaut ist. Aber wie sieht diese Steuerung aus? Was ist ihr Ziel, und von welchen Grundannahmen geht sie aus? Das waren jetzt die Fragen. Erste Vermutung: Durch den Einsatz künstlicher Intelligenz auf Massendaten über Fahrradfahrten hat der Hersteller herausgefunden, dass Fahrradfahrer weitaus häufiger vorwärts als rückwärts fahren. Deshalb könnte die Steuerung dem Scheinwerfer Priorität bei der Stromversorgung geben, also erst den Scheinwerfer mit Strom versorgen, dann den Kondensator im Scheinwerfer aufladen und schließlich nicht gebrauchten Strom nach hinten zum Rücklicht schicken.

Die nächste Vermutung: Mein Scheinwerfer selbst enthält ein System zum maschinellen Lernen meines Fahrverhaltens. Platz dafür ist ja in der kleinsten Scheinwerferhütte. Dieses System hat inzwischen gelernt, dass ich am Anfang dazu neige, so schnell zu fahren, dass der restliche Verkehr mein Rücklicht nur kurz sieht, nämlich wenn ich ihn überhole. Anschließend ermüde ich und werde langsamer, und mein Rücklicht wird benötigt, damit mich der aufkommende Verkehr sieht.

Beides absolut stichhaltige Erklärungen!

Wegen des naheliegenden Verdachts auf Kondensator-
defekt erst das Rücklicht und, weil ohne Wirkung,
den Scheinwerfer ausgetauscht und dadurch zwei Mal
die   deutsche   HighTech-Fahrradbeleuchtungsindustrie
unnötig, aber großzügig unterstützt. Insgeheim noch
gemutmaßt, dass die Steuerung im Scheinwerfer von
einem nicht an der eigenen Universität ausgebildeten
Programmierer entwickelt wurde. Man kann ja nie wissen! Alles ohne Effekt! Schließlich, wie zu alten Zeiten, beschlossen, das Kabel zu ersetzen. Welch eine
Entdeckung! Der Hersteller hatte das Kabel an der
Stelle unter dem Rahmen, die am meisten mit Schmutz
beworfen wird, aus zwei Kabeln mit einer Steckver-
bindung zusammengefügt. Diese hatte unter dem Dauer-
beschuss mit Dreck und Feuchtigkeit nachgegeben und
einen Teil des Stroms an den Rahmen abgegeben. Deshalb
kam so wenig Strom im Rücklicht an. Wie profan!
Warum komme ich jetzt wieder auf ein technisches
System zu sprechen, welches seit dem Erwerb vor 2 Jahren eine ständige Quelle meiner Bewunderung ist? Entwickelt von einem süddeutschen Konzern, der seine
Softwarekompetenz beim kreativen Umgang mit Auto-
abgasmessungen bewiesen hat. Es geht natürlich um
mein Fahrradnavigationssystem. Erst neulich wieder fuhr
ich fröhlich auf dem ehemaligen Treidelpfad und jetzigen Radweg längs den Saar-Kohle-Kanal, den ich übrigens an dieser Stelle sehr empfehlen möchte – hoffentlich
ohne dass ich als Influencer in juristische Schwierigkeiten
komme – gen Heimat und hatte im Navi überflüssiger-
weise die Bring-mich-nachhause Funktion aktiviert. Ich
sollte an dieser Stelle anmerken, dass die Saar und der par-
allel verlaufene Kanal durch ein Tal führen, es auf beiden
Seiten relativ hügelig zugeht. Der Weg schien mir kano-
nisch zu sein, immer längs den Kanal und in Saarbrücken
rechts ab. Das Navi hatte andere Pläne mit mir. An einer

kreuzenden Straße empfahl es mir abzubiegen und sig-
nalisierte, als ich auf dem Radweg weiter fuhr, mit einer
Kreiselbewegung, die an heftiges Augenrollen erinnert,
umzudrehen. Als Drohung erhöhte es die Entfernung
zur Heimatadresse, „Wenn Du jetzt nicht bald umdrehst,
wird es richtig weit!" Das warf jetzt eines der oben
angekündigten Rätsel auf: Warum wird die Entfernung
zur Heimatadresse größer, wenn ich doch offensichtlich
auf besten Wege auf diese Adresse zufahre? Die Erklärung
war recht einfach. Das Navi hatte für einen Bogen der
Saar eine Abkürzung über die Hügel gefunden. Unter der
(fälschlichen) Annahme, dass ich seiner Empfehlung folgen würde, nahm die Entfernung für diesen empfohlenen
Weg ständig zu. Allerdings muss ich zur Ehrenrettung des
Navis sagen, dass es durchaus irgendwann merkte, dass
der verbleibende Weg längs des Kanals kürzer war als die
Abkürzung plus Umkehrstrecke. Nein, Verbohrtheit ist
das Letzte, was ich meinem Navi attestieren möchte.

Au, Toren schafft Autorenschaft

Publizierte Ergebnisse und Zitate darauf, mehr als das kümmerliche Gehalt, sind der Lohn des Wissenschaftlers. Die Länge der Publikationsliste und die Zahl der Zitate sind ein unverzichtbarer Bestandteil bei der Vorstellung eines wackeren Forschers, „Dies ist meine Kollege John Doe. Er hat 345 Publikationen in angesehen Organen veröffentlicht, welche 23145mal zitiert worden sind." ist eine typische Vorstellung eines Kollegen in einschlägigen Kreisen. Ist ja schließlich auch wichtiger als zu wissen, ob der Kollege menschlich ein Vollpfosten, sozial ein Blindgänger oder politisch ein ausgewiesener Verschwörungstheoretiker ist. Nicht ganz unwichtig für die Bewertung der Publikationslage ist natürlich, wie, genauer von wem die publizierten Ergebnisse erzielt wurden. Wissenschaftler in den Geistes- und Sozialwissenschaften sind meist heroi-

Originalversion erschienen in Informatik Spektrum 42 (5) 2019

sche Einzelkämpfer. Da stellt sich die Frage der Autorenschaft eigentlich nicht.

In natur- und ingenieurwissenschaftlichen Disziplinen dagegen werden die meisten Ergebnisse von Teams erzielt und anschließend auch publiziert. In der Informatik erinnern die Längen der Autorenlisten an Tennis: Einzel, Doppel, auch mal Mixed, höchstens ein Daviscup-Team. In den Laborwissenschaften sind Autorenlisten von der Größe von Fußballmannschaften (mit Ersatzspielern) eher die Regel als die Ausnahme. Da finden sich fairerweise auch der Laborant und die studentische Hilfskraft auf der Liste, die am Wochenende die Zellkulturen gefüttert oder die Labormäuse gestreichelt haben. Die letzte Position in der Autorenliste nimmt in der Regel der Chef des Teams, der Professor, Institutsdirektor oder Laborleiter in der Industrie ein. Da er auf jeder der Publikationen zu stehen pflegt, die sein Labor verlassen, kommen auf Dauer sehr eindrucksvolle Publikationslisten zustande. Die Rechtfertigung für seine Anwesenheit auf der Autorenliste besteht meist darin, dass einer der tatsächlich beitragenden Autoren an seiner geöffneten Bürotür vorbeigekommen ist und vom Fluidum des Chefs erfasst wurde. Dieses Fluidum pflegt ungeheure Inspirationen frei zu setzen. Sollten die beitragenden Autoren diesem Fluidum nicht ausgesetzt gewesen sein, bleibt noch die Motivation von prekär beschäftigten Wasserträgern des Wissenschaftsbetriebs, die Autorenliste durch die Hinzufügung des Chefnamens zu veredeln. Mit der letzten Position in der Autorenliste sind gewisse Privilegien verbunden. So verschont sie den Besetzer dieser Position in der Regel von der Verpflichtung, wissen zu müssen, was der Inhalt der Publikation ist. Das kommt dann recht händig, wenn sich der Inhalt der Publikation als dubios herausstellt, also getürkte experimentelle Ergebnisse oder verfälschende

Interpretationen enthält, „Bin zutiefst enttäuscht! Habe mich auf meine Leute verlassen! Werde in Zukunft …“.

Nachdem die letzte Position der Publikationsliste in den experimentellen Wissenschaften hiermit endgültig geklärt sein dürfte, ist die Frage der Reihenfolge der weiteren Autoren noch offen. In den Naturwissenschaften richtet sich die Reihenfolge nach der Größe der Beteiligung an den publizierten Ergebnissen. Nennen wir das die *Beitragsordnung.* Der Erstautor ist der Hauptbeteiligte, oft ein Doktorand. Denn Doktoranden sind das Öl im Motor der Forschung. Ohne sie käme der Betrieb zu einem qualmenden Halt, sozusagen Kolbenfresser allenthalben.

In der Informatik gibt es neben der Beitragsordnung auch die *alphabetische Reihenfolge.* Da wird ein Autor weniger dafür belohnt, dass er führend am Erzielen der Ergebnisse beteiligt war als dafür, dass sein Name in der lexikalischen Ordnung vorne steht.

Die meisten Informatiker sind seltsam unentschieden, ob sie jetzt lieber die Beitragsordnung oder die alphabetische Ordnung bevorzugen, natürlich mit Ausnahme der Besitzer alphabetisch privilegierter Anfangsbuchstaben. Bei einer alphabetisch sortierten Autorenliste können sich die relativen Beiträge natürlich auch genau in dieser Reihenfolge verhalten; zum Beispiel könnte die Doktorandin Abel die ganze Arbeit gemacht, ihr Betreuer Babel ihr viele Anregungen gegeben, Kollege Cnabel sie auf einige einschlägige Publikationen hingewiesen, einige weitere, lexikographisch unter ferner liefen einzusortierende den beiden über die Schulter gesehen und die Fortschritte kommentiert haben, während Professor Zabel die Verantwortung getragen hatte. Andererseits könnte die Reihenfolge dem Alphabet geschuldet sein. Die Frage ist ohne Kontextwissen nicht entscheidbar. Die Autorenreihenfolge Professor Abel vor Doktorandin Babel, Post-Doc Cnabel wird mit einem gewissen Maß an gutem

Willen vermutlich so interpretiert werden, dass Professor Abel die Arbeit gemacht hat und in großzügiger Weise die von ihm angeleitete Doktorandin Babel, den Postdoktoranden Cnabel und ein paar weitere Lehrstuhlangehörige auf die alphabetisch sortierte Autorenliste gesetzt hat. Sie wirft eventuell Rätsel auf, wenn man die gesamten Publikationen der Arbeitsgruppe von Professor Zabel betrachtet und ein System hinter den Autorenreihenfolgen zu entdecken glaubt. Aber Unentscheidbarkeit ist ein Problem, mit dem Informatiker und Logiker zu leben gelernt haben.

Dies ist ein Auszug aus meinem demnächst nicht erscheinenden Roman *Künstliche Intelligenz und natürliche Dummheit* oder *Natürlich Intelligenz und künstliche Dummheit,* weiß noch nicht.

Geladen bis zum Limit

Elektromobilität rettet unseren Planeten, klar! Das kann ich jetzt persönlich bezeugen. Neulich beschloss ich, nach A. zu fahren, elektrisch natürlich. A. ist einiges weiter entfernt, als die Reichweite meines e-Autos in einem Rutsch zu fahren erlaubt. Aber wir hätten doch eine dichte Ladeinfrastruktur, nahm ich an. Schließlich müssten die vor Energie nur so strotzenden Verkehrsminister der jetzigen und der vergangenen Regierungen doch zumindest hier eine positive Spur von Engagement hinterlassen haben. Die Beschäftigung mit der Maut konnte ja nicht abendfüllend sein, eher schon die mit den eingeplanten Mautbetreibern dringen notwendigen Geheimtreffen. Auch die Reduktion der im Straßenverkehr entstehenden Treibhausgase, die Reparatur der maroden Straßen und Brücken, die Verbesserung des Bahnstreckennetzes inklusive der Vorbereitung des demnächst fälligen Anschlusses an den

Originalversion erschienen in Informatik Spektrum 42 (6) 2019

R. Wilhelm, *Einsichten eines Informatikers von geringem Verstande*, https://doi.org/10.1007/978-3-658-28386-5_30

119

Brenner-Basistunnel hat sie doch sichtlich nicht viel Zeit gekostet.

Bis an den Rand meiner Batterien geladen fuhr ich los. Nach zwei Stunden Fahrt stellte sich ein Kuchenhungergefühl ein, gerade rechtzeitig für das Nachladen der Autobatterien. Die Ladestandsanzeige stand nahe bei Null. Nach dem Auffinden einer Raststätte mit Ladestation und einer gemütlichen Kaffeepause von zwei Stunden – so viel Zeit braucht man für einen Muffin auf jeden Fall – setzte ich meine Fahrt gut erholt und einigermaßen aufgeladen fort.

Nach einer Stunde brachte mein Autoradio ein äußerst spannendes Feature über sizilianische Literatur, sodass ich eine weitere Ladepause an der nächsten Raststätte einlegte, um mich voll auf dieses Feature zu konzentrieren. Das passte wunderbar. Denn die Batterien waren wieder nahezu leer. Das Feature dauerte knapp eine Stunde. Gebildet und mit halbwegs aufgeladener Batterie setzte ich meine Fahrt fort.

Nach einer halben Stunde kam eine Staumeldung über das Autoradio, und ich beschloss, auf alte Art, also auf einem Autoatlas, eine Umfahrung zu suchen. Mein Navi hatte ich, um Strom zu sparen, ausgeschaltet. Hatte ich doch die Erfahrung gemacht, dass mein eBike weniger Energie für die Unterstützung meines Trampelns als für sein Navi beim immer wieder erneuten Berechnen unbrauchbarer Routen aufwendet.

Wenn man schon sein Kartenmaterial extensiv studiert, kann man die Gelegenheit doch nutzen, die nahezu leeren Autobatterien aufzuladen. Gesagt getan! Ich kam noch gerade zur nächsten Ladestation. Da ich schon länger nicht mehr in eine Karte geschaut hatte, dauerte es allein 10 min, bis ich wusste, wo bei der Karte oben und unten war. Als ich dann nach weiteren 10 min gefunden hatte, wo ich mich befand, brauchte ich nur noch 10 min, um die beste aller Stauumfahrungen zu identifizieren.

Dermaßen neu orientiert und etwas geladen nahm ich meine Fahrt wieder auf. Allerdings kam nach einer viertel Stunde ein Hinweis auf eine historisch wertvolle Kirche abseits der Autobahn. Diese reizte mich außerordentlich. Außerdem würde es mir sicher das – historisch unbekannte – Aufladen meiner fast leeren Autobatterien erlauben. Eine Tankstelle in der Nähe der Kirche bot tatsächlich eine Ladestation an. Frohgemut schloss ich mein Ladekabel an und machte mich auf den Weg zur Kirche. Leider kam ich außerhalb der Öffnungszeiten der Kirche an, und trotz inständiger Bearbeitung des Küsters wurde mir kein Zutritt gewährt. Als ich also nach 15 min zum meinem Auto zurück kam, waren seine Batterien zumindest nicht mehr ganz leer. Ein Blick auf die Karte zeigte, dass ich mich schon in der Nähe von A. befand.

Leider endete der sich anschließende Fahrtabschnitt nach kurzer Zeit – es könnten so siebeneinhalb Minuten gewesen sein – wegen leerer Batterien, allerdings in der Nähe eines Hotels *Zum Limit,* welches unter anderem mit einer gut ausgebauten Ladeinfrastruktur warb. Ich musste nur noch ein paar hundert Meter schieben. Dann konnte ich einchecken und mein Auto anschließen. Beim Abendessen und beim Frühstück traf ich lauter sympathische, tief entspannte e-Auto-Fahrer. Die hätte ich doch sonst nie kennen gelernt. Viele waren schiebend angekommen und wirkten körperlich sehr fit.

Am nächsten Tag erreichte ich dann A. ohne weitere Ladepause.

Bär, Bulle, Dachs und Co

Das Schreiben dieser Glosse hat meinen Schreibstress auf ein Jahreshoch gebracht; ich habe die 200-Tage-Linie gerissen, keine Unterstützung nach unten gefunden, aber oben einen massiven Pull-back erlitten, alles deshalb, weil ich die Glosse unbedingt komplett in Börsendummdeutsch schreiben wollte. Leider musste ich feststellen, dass die Ausdrucksfähigkeit dieser Sprache beschränkt ist auf Fahrten nach Norden oder Süden oder auf Seitwärtsbewegungen – unklar, ob nach Ost oder nach West –, alle oft zögerlich; dann werden Linien getestet, Unterstützungen gesucht, aber Widerstände gefunden, im Rahmen von technischen Überschussbewegungen werden Verlaufshochs erreicht, aber im Verlauf wieder abgegeben, das ganze über kurz oder lang, genauer Short oder Long.

Liebe*r Leser*in, Sie vermuten richtig, in dieser Glosse geht es um den Einsatz von Rechnern im Börsengeschehen und bei der Verwaltung von Vermögen. Wenn man nicht genau hinhört, könnte man andererseits auch meinen,

© Springer Fachmedien Wiesbaden GmbH, ein Teil von Springer Nature 2020
R. Wilhelm, *Einsichten eines Informatikers von geringem Verstande,*
https://doi.org/10.1007/978-3-658-28386-5_31

dass es um den Rechnereinsatz in unseren Zoos ginge. Denn es wird von Bär, Bulle, Dachs und Co geredet, und wie sie sich unter Rechnereinsatz verhalten.

Aber Spaß beiseite! Der Einsatz von Rechnern an den Börsen ist eine unglaubliche Erfolgsgeschichte. Das hat zu tun mit der Geschwindigkeit, mit der aktuelle Information produziert wird und mit der auf sie reagiert wird. Musste sich Herr Rothschild angeblich noch auf die Geschwindigkeit von Brieftauben verlassen, welche ihm den Ausgang der Schlacht bei Waterloo schneller meldeten als berittene Boten dem Rest der Welt, und konnte er mit einem geschickten Täuschungsmanöver einen Riesengewinn machen – er verkaufte britische Aktien, als ob Napoleon gewonnen hätte, und verleitete dadurch alle Welt dazu, ihm nachzueifern, um anschließend heimlich und billig massenhaft britische Aktien zu kaufen –, so sind vernetzte Rechner in der Lage, in Millisekunden Millicent-Preisunterschiede von Aktien an verschiedenen Börsen auszunutzen. In New York wurde sogar schon ein Rechenzentrum näher an die Wall Street gerückt, um (vermutlich) im Mikrosekundenbereich Nanocent-Unterschiede auszunutzen. Aber wir wissen ja, Nanovieh macht auch Micromist.

Aber nicht nur im Hochgeschwindigkeitshandel werden Rechner eingesetzt. Börsianer können viele verschiedene Arten von Orders abgeben, welche bei Vorliegen einer Bedingung durch Rechner ausgeführt werden. Eine Stop-Loss-Order löst beim Unterschreiten des angegebenen Kurses eine Verkaufsaktion aus. Da Börsianer und auch Fondmanager Herdentiere sind, kann dies den Bär, der von Haus aus weder eine hohe Grundgeschwindigkeit noch gut Beschleunigungswerte hat, ganz ordentlich in Schwung bringen. Das kostete z. B. 2010 dem Standard & Poor's 500-Index auf einen Schlag 5 % Börsenwert. Ähnlich kriegt der Bulle eine beschleunigte Aufwärtsbewegung, sobald halbwegs verlässlich eine positive Tendenz sichtbar wird. Die ultrakurzen Reaktionszeiten der Rechner führen also zu starr gekoppelten Systemen, und wie schön starr gekoppelte Systeme Fehler fortpflanzen, kann ein Physiker leicht erläutern.

Aber was wäre eine Glosse ohne tiefes Lernen? Geht doch gar nicht! Tiefes Lernen muss in jeder Glosse gelobt werden, weil es letzte Zeit so beeindruckende Erfolge gezeigt hat. Voraussetzung für ziemlich alle Beispiele von erfolgreichem tiefen Lernen sind eine große Datenbasis, auf welcher man lernen kann, – für das Börsengeschehen leider nicht gegeben – und – das wird sich noch als wichtig herausstellen – statische Verhältnisse im Lernbereich. Beides ist erfüllt für die Bilderkennung von Tumoren, von Tieren, Sportarten und Verkehrszeichen. Wann entdeckt man schon mal eine neue Krebsart? Ähnlich stabil ist die Lage bei Verkehrszeichen. Es gibt selten mal ein neues Verkehrszeichen. Na ja, bis auf das PKW-Maut-Kennzeichen. Kaum entworfen und bestellt, wurde es schon wieder aus dem Verkehr gezogen.

Das Problem der Marktdynamik sah schon der Vorsokratiker Heraklit voraus. Er stellte fest, *Panta rhei*, auf Deutsch, *Man investiert nicht zweimal in denselben Markt.* Tiefe Erkenntnisse, aus *einem* Markt gelernt und auf einen veränderten Markt angewendet, werden diesen im Allgemeinen nicht besonders gut voraussagen. Aber nicht nur das! Jede tief gelernte Erkenntnis, wenn erst mal angewendet, verändert den Markt. Sobald sich die Erkenntnis verbreitet hat, löst sie einen Herdentrieb aus, alle wenden sie an, und sie produziert statt Gewinne eher Verluste. Das ist wie bei den Geheimtipps für Touristen, erst einmal per Bestseller bekannt gemacht, und schon wünscht man sich, dort angekommen, nach Malle oder Antalya.

Die Automatisierung der Vermögensverwaltung beruht auf der Identifizierung von *Faktoren,* welche einen relevanten Einfluss auf die Performance eines Unternehmens oder eines Marktes gehabt haben. Sind sie identifiziert, nutzt man sie zur Verbesserung der Voraussage. Da stellen sich gleich mehrere wichtige Fragen: Sind der Intelligenzquotient, der Narzissmus und das angespannte Verhältnis zur Wahrheit des amerikanischen Präsidenten oder britischer Spitzenpolitiker solche Faktoren? Schließlich haben sie in den vergangenen Jahren den größten Einfluss auf die weltweiten Aktienmärkte gehabt. Und wenn sie solche Faktoren sind, hätte ein tief gelerntes System sie identifizieren können? Dem steht entgegen, dass tief gelernte Systeme bisher nicht durch rassistisch verzerrte Ergebnisse gegen weiße alte Männer aufgefallen sind. Nein, ganz im Gegenteil!

Trotzdem ist zu beobachten, dass beim Umfang der rechnerverwalteten Bonds der Rechnereinsatz nur bullische Tendenzen kennt, keine Seitwärtsbewegung und als Haltelinie nur 100 % aller Bonds.

Die Bahn gewährt eine Freifahrt

Die Bahn pflegt ihre Kundenbeziehungen, zumindest die zu meiner Frau. Ich komme leider nicht direkt in den Genuss solcher Vergünstigungen. Wahrscheinlich bin ich der Bahn ein unangenehmer Kunde, weil sie so viel Post von mir bekommt, Fahrgastrechteformulare für im Schnitt jede zweite Fahrt. Für Nichtbahnfahrer: Diese Formulare füllt man aus, um wegen Verspätung nachträglich eine Reduktion des Fahrpreises um 20 %, manchmal auch um 50 % zu bekommen. Indirekt komme ich allerdings schon in den Genuss der DB-Kundenpflege, weil ich im Rahmen der Kundenpflege der Beziehung zwischen der Bahn und meiner Frau als Gast eingeladen wurde, kostenlos mit meiner Frau in der pflegenden Bahn zu verreisen. Die Bahn erzeugte dazu folgenden herzergreifenden Einladungstext:

> Hallo Du! Ich würde mein Glück gern mit dir teilen! Die Deutsche Bahn hat mir einen Mitfahrer-Gutschein geschenkt. Das heißt, ich kann dich auf der Hinfahrt gratis

© Springer Fachmedien Wiesbaden GmbH, ein Teil von Springer Nature 2020
R. Wilhelm, *Einsichten eines Informatikers von geringem Verstande*, https://doi.org/10.1007/978-3-658-28386-5_32

mitnehmen. Reisezeitraum bis 10.11. (außer freitags). Ich freue mich auf deine Antwort. Liebe Grüße

Das Glück besteht erst mal darin, dass ich die Tickets buchen darf. Das ist, wie sich herausstellt, ein wirklich großes Glück!

Herr Wilhelm, werden Sie jetzt sagen, wo bleibt das Informatische? Kommt gleich, kann ich Sie beruhigen. Denn der Mitfahrgutschein wird natürlich online eingelöst. Da kommt das bahn.de-Portal ins Spiel, insbesondere seine Zielkorrekturfunktion.

Wo sollte es hingehen? Kleine Reise zum Frankfurter Flughafen für einen Flug nach Barcelona. Der Flug und die damit verbundene CO_2-Fußabdruckvergrößerung lagen an, weil die französische Bahn OUI.SNCF uns zu einer gebuchten Bahnfahrt nach Barcelona wegen weggeschwommener Gleise Non gesagt hatte.

Fröhlich Gutscheincode eingegeben und schon durfte ich Start und Ziel unserer Reise eintragen. Gesagt, getan! *Saarbrücken* als Startort wurde klaglos akzeptiert. Offensichtlich kann die App nachvollziehen, dass man von dort wegfahren will. Dann *Frankfurt Flughafen* als Zielort eingegeben, wird korrigiert zu *Jerez de la Frontera*. Na ja, wenn man umsonst dahin kommt! Dauert halt ein bisschen. Also stattdessen mal *Frankfurt Airport* eingegeben. Wird korrigiert zu *Verona Porta Nuova*. Ist nett, kenne ich, muss ich nicht noch mal hin. Als nächstes *Frankfurt Flughafen Fernbahnhof* eingegeben, wird korrigiert zu *Bad Karlshafen.* Da stimmen zumindest grob die Richtung und der Hafen. Vielleicht hieß ja der Erbauer des Frankfurter Flughafens Karl mit Vornamen, und die Luft drum herum hat Heilkräfte. Dann könnte man ja den BER in Klaushafen oder Hartmuthafen umbenennen. Aber ich schweife ab. Nachdem weiter *Adelboden* und schließlich *Acton Main Line* als Zielkorrektur zu *Frankfurt Flughafen* ausgewählt werden, keimt in mir langsam der Verdacht, dass die Bahn mich gar nicht ernstlich umsonst befördern wollte. Als Informatiker kann man sich jetzt beruhigt zurück lehnen. Denn vermutlich läuft innerhalb der Bahn das Folgende ab: Die Marketingexperten haben die großartige Idee, mit leeren Versprechen Kundenpflege zu betreiben und die armen Informatiker müssen das dann realisieren.

Der Vorteil, immer online zu sein

Neulich hielt ich im Rahmen einer Konferenz über ubiquitäre Informatik einen Vortrag über das Thema, warum es von großem Vorteil ist, immer online zu sein. Ich denke, meine Argumente waren absolut überzeugend. Um mit der Aussage meines Vortrags konsistent zu sein, war ich natürlich während meines Vortrags ständig online. Die herein ploppenden Nachrichten störten meine überzeugende Argumentation in keiner Weise, denke ich, obwohl manche Zuhörer das anders sahen. Aber überzeugen sie sich selbst von der Stringenz meiner Argumente!

Online zu sein gibt Ihnen ein Gefühl unbegrenzter Freiheit.

Your post was rejected
by the Chinese Great Wall,
by Roskomnadzor, Russia's telecommunications and media
  regulator
by the Iranian National information network

© Springer Fachmedien Wiesbaden GmbH, ein Teil von Springer Nature 2020
R. Wilhelm, *Einsichten eines Informatikers von geringem Verstande*,
https://doi.org/10.1007/978-3-658-28386-5_33

by the government of the Democratic Republic of Congo

Online zu sein gestattet eine sekundengenaue Sicht auf seine Umwelt,
    geeignet auch für zeitkritische Entscheidungen

MS Word download of new Uzbek fonts
2,5 GByte 32 minutes remaining

Ihre Sicht auf die Welt ist ungefiltert und unverstellt.

New World Order: EURO-Crisis manufactured by Wall Street

Gelegenheiten, die sich nicht leicht wieder ergeben,
    können ohne Störung Ihrer jeweiligen Tätigkeit genutzt werden.

eBay: Ihr Angebot für Fuchsschwanz von Dieter Bohlens Manta wurde überboten

SPAM könnte prinzipiell ein Problem sein.
    Das Filtern von SPAM wird aber sehr gut beherrscht.

Outlook: You have new mail: Unique business opportunity in Nigeria

Natürlich sollte man auf den Schutz seiner Privatsphäre achten,
    aber das ist wirklich kein Problem!
    Es gibt perfekt funktionierende Lösungen,
    die wir systematisch einsetzen.

Schnuckiputzi on WhatsApp: Hallo Bärli, Danke für letzte Nacht! Starke Performance!!!

Selbstverständlich beachten wir alle rechtlichen Rahmen-bedingungen.

kino.to: Your illegal download of Mission Impossible 7 has finished

Die technische Errungenschaft, immer online zu sein,

- verbessert unser Kommunikationsverhalten,
- kreiert neue Sozialstrukturen und
- bietet damit auch großartige Forschungsthemen an.

Outlook: You have new mail
Subject: Your submission
‚The advantages of being always online' unfortunately rejected

Google, übersetze!

Einer der ältesten Witze über die Fähigkeiten maschineller Übersetzung natürlicher Sprache geht so. Ein Benutzer gibt ein „Der Geist ist willig, aber das Fleisch ist schwach.", lässt das ins Russische und zurück ins Deutsche übersetzen und erhält „Der Wodka ist gut, aber das Steak ist lausig." Darüber sind wir, Gott sei Dank, heute dank maschinellem Lernen weit hinaus! Diesen Satz kriegen die meisten gängigen Systeme inzwischen unfallfrei hin- und zurückübersetzt.

Ein estnischer Kollege fragt mich, was ich denn so treibe. Ich schicke ihm den Umschlagentwurf zu meinem neuesten Buch. Er interessiert sich dafür, was sein deutscher Kollege und Freund in Buchform so von sich gibt. Da er des Deutschen nicht mächtig ist, benutzt er dafür das hochgerühmte Google Translate.

Er gibt also den Titel ein, „Einsichten eines Informatikers von geringem Verstande", übersetzt ihn ins Estnische – das Ergebnis erspare ich Ihnen – und übersetzt zurück ins

© Springer Fachmedien Wiesbaden GmbH, ein Teil von Springer Nature 2020
R. Wilhelm, *Einsichten eines Informatikers von geringem Verstande,*
https://doi.org/10.1007/978-3-658-28386-5_34

Deutsche. Ergebnis: „Kenntnisse eines bescheidenen Informatikers". Ich will jetzt nicht darüber spekulieren, woher Google Translate meinen Charakter so gut kennt. Wird sich wohl bei der Schwester Google erkundigt haben, denn die weiß ja bekanntlich alles über einen. Auf jeden Fall scheint Google Translate diese intimen Kenntnisse über mich zu benutzen und die übersetzerische Genauigkeit eher hintan zu stellen. Kleiner Kritikpunkt: Kenntnisse und Einsichten sind definitiv nicht dasselbe.

Aus „gequälten Anwendern" macht Google Translate „gefolterte Benutzer". Ich glaube, ich muss nicht betonen, dass mir Intentionen, Leser zu foltern, völlig fremd sind. Wenn sich Leser des Informatik Spektrums von meinen Sottisen gefoltert fühlen würden, würde ich den Schreibbetrieb sofort einstellen, um nicht mit der UNO-Menschenrechtskonvention in Konflikt zu kommen. Nicht mal die von George Bush, dem Dümmeren, angeordneten erweiterten Verhörmethoden kamen für mich jemals in Frage.

Schon gar nicht kommt Google Translate mit dem Wortspiel „kerniger Kerninformatiker" in der Autorenvorstellung klar. Es wird in „starker IT-Kernspezialist" übersetzt.

Insgesamt ist das Übersetzungsergebnis stark verbesserungswürdig!

Der estnische Kollege versucht es über den englischen Umweg, Ergebnis: „Einsichten eines Informatikers mit wenig Verstand". Das ist schon verdammt gut! Bei dem Wortspiel schwächelt er allerdings auch hier, aus „kerniger Kerninformatiker" wird „robuster IT-Kernspezialist". Das Problem scheint weniger auf der sprachspezifischen Erzeugung als auf der deutschen Verständnisseite zu liegen. „Kerninformatiker" treten wohl in den Datenbanken von Google Translate wenig auf. Da möchte man doch mal sehen, was sie aus „Bindestrich-Informatiker" machen!

„Dash Computer". Na, da hätte ich doch zumindest „Hyphen Computer" erwartet. Aber zumindest zeigt sich mal wieder, weshalb sich die Bindestrich-Informatiker mit Recht benachteiligt fühlen.

Der estnische Kollege beherrscht auch Russisch und versucht diesen Umweg, Ergebnis: „Ansicht der Wissenschaftler zur Informatik", total daneben, und der „kernige Kerninformatiker" wird zum „vertrauenswürdigen IT-Spezialisten".

Irgendwie hat Google Translate miteinander streitende Tendenzen, die es nicht miteinander aussöhnen kann. Einerseits macht es mich zum bescheidenen Informatiker und starken bzw. vertrauenswürdigen IT-Spezialisten. Andererseits traut es mir Folter zu.

Aber es gibt ja noch DeepL. Es wird als Google Translate weit überlegen gerühmt und sitzt außerdem in Köln. Versuchen wir es. „Einsichten eines Informatikers von geringem Verstande" wird zu „Insights of a Computer scientists from little mind". Zurückübersetzt wird daraus „Erkenntnisse eines Informatiker aus Kleingeist". Da fühle ich mich doch sehr verkannt! Außerdem scheint DeepL ein Problem mit der Formulierung korrekter Sätze zu haben.

Versuchen wir es auf dem Weg über das Russische, Ergebnis: „Webseiten Informatiker aus Kleingeist". Zwar finden sich auf manchen Webseiten durchaus gewisse Erkenntnisse, aber „Erkenntnisse" und „Webseiten" als äquivalent zu sehen halte ich doch für stark übertrieben. Auch dass DeepL so hartnäckig auf mir als Kleingeist beharrt, macht mich jetzt echt betroffen.

Estnisch kann DeepL noch nicht. Versuchen wir es mit Französisch. Ergebnis: „Les perspectives d'un Les informaticiens de petit esprit". Na, trotz gewisser Probleme bei der Bildung korrekter Sätze und einigen Unterschieden zwischen „Erkenntnissen" und „Perspektiven" nicht ganz so schlecht. Rückübersetzt wird daraus „Aussichten für eine Die Informatiker von wenig Geist". Kennte man das Zwischenergebnis nicht, wäre man überrascht, wie aus „Einsichten" „Aussichten" werden.

Ich hatte ja eigentlich geplant, im Vorgriff auf meine Buchantiemen den Aufkauf dieses vielversprechenden Spin-off-Unternehmens aus Köln zu riskieren. Nach dieser Erfahrung mit ihrem System scheint es mir doch noch etwas früh, wo das System doch Probleme mit der Bildung syntaktisch korrekter Sätze hat und mich außerdem hartnäckig als Kleingeist bezeichnet.

Organ der Gesellschaft für Informatik e.V. und mit ihr assoziierter Organisationen

Hauptherausgeber: Thomas Ludwig
Chefredakteur: Peter Pagel

ISSN: 0170-6012 (gedruckte Version)
ISSN: 1432-122X (elektronische Version)

Informatik Spektrum

Hauptaufgabe dieser Zeitschrift ist die Publikation wissenschaftlicher Ergebnisse und aktueller, praktisch verwertbarer Informationen über technische und wissenschaftliche Fortschritte aus allen Bereichen der Informatik und ihrer Anwendungen in Form von Übersichtsartikeln und einführenden Darstellungen sowie Berichten über Projekte und Fallstudien, die zukünftige Trends aufzeigen.

Sie spricht alle Leser an, die sich in neue Sachgebiete der Informatik einarbeiten, sich weiterbilden oder sich einen Überblick verschaffen wollen. Damit wendet sie sich nicht nur an ausgebildete Informatikspezialisten, sondern auch an Praktiker, die neben ihrer Tagesarbeit die wissenschaftliche Entwicklung der Informatik verfolgen, sowie an Studierende an Hochschulen oder Universitäten, die sich Einblick in Aufgaben und Probleme der Praxis verschaffen möchten.

springer.com/journal/287

Part of **SPRINGER NATURE**

A78139